伊恩·斯图尔特　数学游戏全集

Tiles and the Tangling Math

瓷砖与缠结的数学

Another Fine Math
You've Got Me Into...

【英】伊恩·斯图尔特 ◎ 著
张珍真 ◎ 译

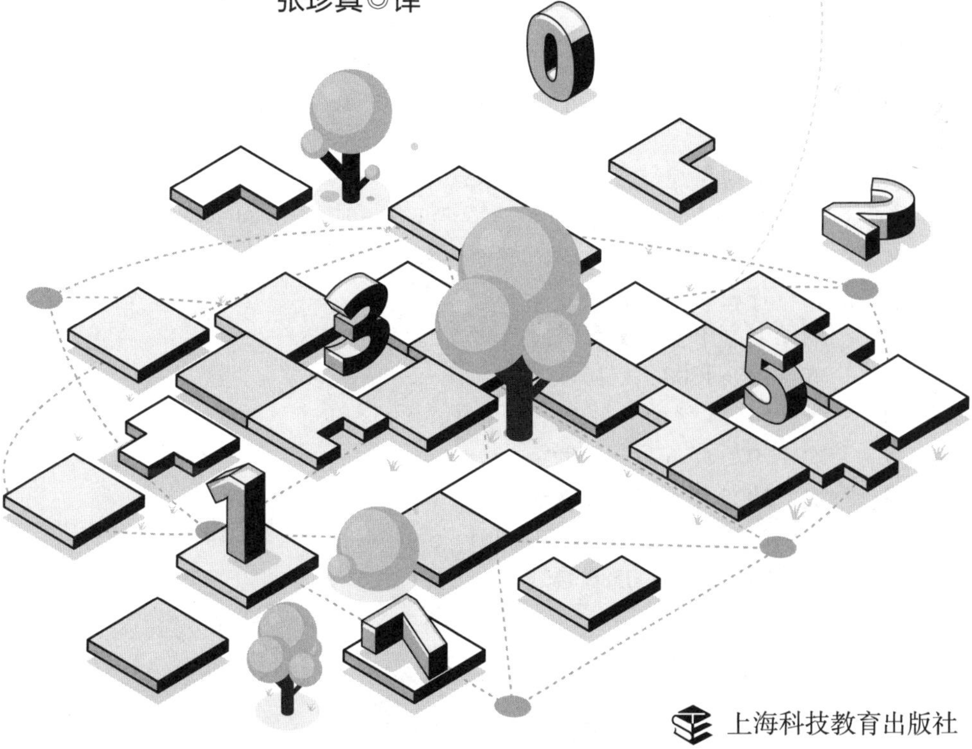

上海科技教育出版社

图书在版编目(CIP)数据

瓷砖与缠结的数学/(英)伊恩·斯图尔特著;
张珍真译. -- 上海:上海科技教育出版社,2025.6.
(数学桥丛书). -- ISBN 978 - 7 - 5428 - 8401 - 5
Ⅰ. O1-49
中国国家版本馆 CIP 数据核字第 202540RA22 号

责任编辑　卢　源
封面设计　戚亮轩

数学桥丛书
伊恩·斯图尔特数学游戏全集
瓷砖与缠结的数学
［英］伊恩·斯图尔特　著
张珍真　译

出版发行　上海科技教育出版社有限公司
　　　　　(上海市闵行区号景路 159 弄 A 座 8 楼　邮政编码 201101)
网　　址　www.sste.com　　www.ewen.co
经　　销　各地新华书店
印　　刷　上海中华印刷有限公司
开　　本　720×1000　1/16
印　　张　14.75
版　　次　2025 年 6 月第 1 版
印　　次　2025 年 6 月第 1 次印刷
书　　号　ISBN 978 - 7 - 5428 - 8401 - 5/N·1262
图　　字　09 - 2023 - 0586 号
定　　价　60.00 元

序　言

20年前,我第一次见到伊恩·斯图尔特(Ian Stewart)。当时我订阅了《流形》(*Manifold*)杂志。这本杂志可谓独树一帜,它是由位于英国考文垂的华威大学数学研究所的学生们每季度编撰的。伊恩·斯图尔特经常为这本离经叛道的杂志撰稿。我尤其记得他写的克兰茨(Rosen Cranz)和斯特恩(Guilden Stern)之间就哥德巴赫猜想的逆猜想展开的对话,哥德巴赫猜想认为每个大于2的偶数都是两个素数之和。

后来,伊恩·斯图尔特与他人共同编辑了《流形七年》(*Seven Years of Manifold*,希瓦出版社,1981年出版),这是有史以来最棒的数学幽默文集。它的卷首插画描绘的是"亚历山大角球的缠绕演化"。书中有诸多精彩内容,比如一张罗素(Bertrand Russell)给所有不给自己刮胡子的人刮胡子的图片、一篇关于单色地图定理的短文(必然很短)、一篇关于如何编织克莱因瓶的说明,还有一个谜语:什么东西是紫色的且可交换?(答案:阿贝尔葡萄。)①

伊恩·斯图尔特很快成了《数学信使》(*The Mathematical Intelligencer*)的编辑,并开始撰写他那些精彩的文章和书籍。他的独一无二之处在于,他不仅了解并热爱数学的各个令人眼花缭乱的层面,还能以热情洋溢且幽默风趣的方式将其写出来,让任何人都能读懂。除了这些能力,他还热衷于休闲数学话题和有趣的文字游戏。读他的作品,你既能学到很多东西,又能尽情享受阅读的乐趣。

马丁·加德纳

---

① 这是本书第一个双关语。数学概念"阿贝尔群"(Abelian Group)中的"群"(group)与"葡萄"(grape)的发音十分接近。阿贝尔群满足交换律,而葡萄又是紫色的,所以紫色的、可交换的,就是阿贝尔葡萄(Abelian Grape/Group)。在接下来的文章中,还有许多类似的双关语等你来发现。——译者注

前　言

在我上学的最后几年里,《科学美国人》(Scientific American)杂志的到来以及加德纳(Martin Gardner)的"数学游戏"(Mathematical Games)专栏是我生活中最为期盼的"高光时刻"。如今,30年过去了,我自己已然成了他所开创的这个专栏的第四任主笔人。这感觉很奇妙,不过一种"人择原理"可以解释这种巧合。任何哪怕稍微适合追随加德纳脚步的人,在青少年时期,其思维类型肯定会被他的专栏吸引。

这种感觉依旧很奇特。

我打算讲讲我是如何接过他的衣钵的。部分原因是,这能体现我最喜欢的一个主题,即事情从来不会按照你预期的那样发展;另一部分原因是,这能解释你现在手中拿着的这本书。它并非《科学美国人》专栏文章的合集——尽管我现在写的那些文章,如果命运眷顾的话,很可能会以类似的形式面世。它是从《为了科学》(Pour la Science)这本《科学美国人》的法文版杂志中精选的专栏文章合集,其中许多文章也出现在其他欧洲版本的杂志中。

《科学美国人》有许多国家的版本。它们并非逐字翻译美国版的内容；它们会包含自己的文章，而且很多编译的内容都不一样，这是因为不同国家有不同的关注点。加德纳的专栏传给了霍夫施塔特(Douglas Hofstadter)，成了"元魔法娱乐"(Metamagical Themas)，而后随着兴趣的变化又变成了由 A. K. 杜德尼(A. K. Dewdney)撰写的"计算机消遣"(Computer Recreations)。眼尖的读者可能已经注意到，这个标题最近又改成了"数学消遣"(Mathematical Recreations)，这反映出一种回归其原始主题的趋势。

　当"计算机消遣"专栏刚开办时，《为了科学》的法文版编辑布朗热(Philippe Boulanger)认为这是个很棒的主意。然而，对于那些喜欢数学游戏、但并非计算机狂热爱好者的人，布朗热也想保留他们的兴趣。所以《为了科学》在翻译"计算机消遣"专栏的同时，也开办了自己的"数学游戏"(Jeux Mathématiques)专栏，先后有多位作者撰稿。最终我开始为这个专栏撰稿，而它也变成了"数学视野"(Visions Mathématiques)：这个专栏依然是娱乐性的，但开始纳入一些与游戏并非明显相关的内容。

　一个英国人最终怎么会在一本法国杂志上定期撰写专栏呢？这

要从法国物理学家珀蒂(Jean-Pierre Petit)说起。珀蒂曾以漫画书的形式为他的学生们编写了一些关于空气动力学、黑洞等方面的非正式笔记,其中一些由《为了科学》的出版商欧仁·贝兰经典书店出版,并且大获成功。在我当时的老板兼珀蒂的朋友齐曼(Christopher Zeeman)的鼓动下,我受邀将其中一些翻译成英语。我是一个有科学素养的业余漫画家,有着奇特的幽默感,大家认为我可能会对珀蒂想要达成的目标有共鸣。

布朗热随后想到,我应该为同一系列创作一些数学漫画书。我用英语撰写,他再将其翻译成法语,然后大家就假装法语版是原版,英语版是翻译版。这运作得非常好,还请来了讽刺杂志《鸭鸣报》(Le Canard Enchaînée)的一些人来添加一些法国式的笑话。大约在这个时候,"数学游戏"专栏最固定的撰稿人发现自己没时间再写这个专栏了,布朗热就找到我,问我是否认识能不定期接手这个专栏的人。

我当然认识啦(就是我呀)。

几年前,《科学美国人》的其他几个外语版本也同意开设这个专栏。后来,美国的母刊决定让我和 A. K. 杜德尼共同负责"数学消遣"专栏。现在我每年写6篇专栏文章,与"业余科学家"(The Amateur Scientist)

专栏交替出现。我还为法文版额外写6篇专栏文章,这样在法国(和西班牙),这个专栏是每月一篇;而在美国、英国以及其他所有国家版本中,则是两月一篇。

有时候,这确实挺让人困惑的。

那么,这本书就是从《为了科学》所写的专栏文章中精选的16篇①。其风格与你可能在《科学美国人》上读到的专栏文章相同。另外12篇专栏文章已经以《游戏、集合与数学》(Game, Set, and Math)为书名出版了②。这些材料都经过了些许编辑,加入了一些最新的、在我首次撰写文章以后才出现的相关数学发现。

我不敢说自己能模仿加德纳的风格。那是无法做到的,加德纳是独一无二的。我的风格已经定型为一种虚构叙事,其中有诸如虫虫一家(虫爸爸亨利、虫妈妈安妮-莉达和虫宝宝沃姆特德)、国际金融家默威尔以及新石器时代的数字命理学家斯尼奇斯威舍等怪异的角色,他们会经历各种数学方面的奇妙遭遇。这些故事既趣味十足,

---

① 本书中文版将原书一拆为二,即本系列的《瓷砖与缠结的数学》《树神与冒险的生意》。——译者注

② 本书中文版将原书一拆为二,即本系列的《无穷大与衔尾蛇》《奇偶把戏与帕斯卡分形》。——译者注

又带有一丝严肃性。它们大多基于一些重要的数学理念，我希望这些理念能从故事的穿插情节中凸显出来，并留在读者的脑海里。

例如，"狮子、羊驼和生菜"讲述了韦福克的农夫奎恩如何将他的农产品运到市场的故事，它同时也涉及图论。"进化万花筒"谈到了会飞的猫和鳍足河马，它同时也涉及骤变论。

游戏和休闲数学依然至关重要。在"密铺与错误"中，虫爸爸亨利试图铺砌他的浴室，在爱虫斯坦的帮助下才得以成功；在"棋盘上的竞技"中，魔法师梅林试图逗乐他的国王亚瑟，结果却以书中最糟糕的双关语之一收场。

我写这些内容的时候非常开心。希望你也能从中获得一些乐趣。

伊恩·斯图尔特

目　　录

第1章　狮子、羊驼和生菜 / 1

第2章　密铺与错误 / 33

第3章　进化万花筒 / 55

第4章　心智的齿轮 / 81

第5章　果园里的山羊 / 101

第6章　五星岛之旅 / 127

第7章　棋盘上的竞技 / 155

第8章　缠结的数学 / 187

进阶读物 / 213

第 1 章

狮子、羊驼和生菜

在韦福克郡那些典型的尘土飞扬的乡间小路上，走来了一位农夫。他右手紧握着一颗巨大的生菜，左手抓着两根缰绳。在前面一根缰绳上，牵着一只慢悠悠走着的羊驼；在后面另一根缰绳上，一只狮子在徘徊。你可能会觉得这是一支奇特的队伍，但在崎岖的韦福克乡间，这样的景象在这片以农业而闻名的地区颇为常见，尤其每到星期五的赶集日更是如此。此时此刻，奎恩就是要带着他的农产品去赶集。

而奎恩遇到了一个难题。横跨瑞斯汀峡谷的桥塌了，暂时用一个绑着救生圈的吊索来替代。它只能承载奎恩以及一件农产品——狮子、羊驼或者生菜（就像我说的，那是颗巨大的生菜，而且说实话，那只羊驼也相当壮实）。

我几乎能听到你轻蔑的不屑一顾的声音："这很简单，先把狮子带过去，回来带羊驼，最后再运生菜。"显然你不是个农夫。任何真正的庄稼汉仅凭直觉、不用经过逻辑思考，就知道这样的计划会导致什么后果。奎恩把狮子运过去再回来时，会发现一只吃得饱饱的、心满意足的羊驼，而生菜却没了。一只羊驼会一口气吃光一整颗生菜，不

管它有多大。实际上,这个计划还有第二个致命缺陷,因为当狮子单独和羊驼在一起时,它往往会把羊驼当成羊驼汉堡。另一方面,你用脑子想想也知道,无论再怎么饥饿的狮子,也绝不会在菜地里徘徊着寻找一颗又肥又多汁的生菜,所以生菜可以安全地和食肉动物待在一起。

到这会儿,你应该已经认出奎恩的困境其实就是古老的狼-山羊-卷心菜谜题的变形。也许你还注意到奎恩就是中世纪数学家阿尔昆(Alcuin,735—804)的转世,那个谜题通常就归功于他。它确实是个相当古老的谜题,最早出现在1694年奥扎南(Ozanam)的《数学与物理娱乐》(*Récréations Mathématiques et Physiques*)一书中。至少在某一方面你是对的,因为奎恩有着数学家天生的那种精准逻辑思维。他不会采用试错法,只会进行系统推理。他是这样思考的。

首先,我必须简化这个问题,找出它的关键特征。重要的是,我的三件可售卖的物品分别在峡谷的哪一边。我在哪里或者救生圈在哪里都不重要,因为这些可以随意移动。只需要避免前面提到的"食物链"即可,即狮子(L)不能单独和羊驼(λ)在一起,羊驼也不能单独和生菜(l)在一起。

我可以用数字0和1来表示单个物品的位置,比如用0表示峡谷这边,用1表示峡谷对岸。这样,所有三件物品的配置就可以用三维的狮子-羊驼-生菜空间中的一个三元组(L,λ,l)来表示。例如,$(L,\lambda,l)=(1,0,1)$表示$L=1,\lambda=0,l=1$,也就是狮子在对岸,羊驼在这边,生菜在对岸。

总共有多少种组合呢？嗯，每个坐标 L、λ 或 l 都可以取 0 或 1 这两个值中的一个。所以一共有 $2\times2\times2=8$ 种可能性。而且，它们具有一种美妙的几何结构：它们是狮子-羊驼-生菜空间中的一个单位立方体的八个顶点，见图 1.1(a)。

我每次只能移动一件物品，也就是说，我只能沿着立方体的棱移动。但有些棱是不允许走的。例如，从 (0,0,0) 到 (1,0,0) 这条棱，对应的是单独把狮子运到峡谷对岸。但这样就会让羊驼和生菜无人看管，所以很快我就会看到一只吃得饱饱的羊驼，而生菜却没了。实际上，这些食物链方面的限制恰好排除了四条棱，我把它们画成虚线。其余的棱代表合法的(符合要求的)移动，我会把它们画成实线。

经过这样的几何化处理后，问题就变成了：我能否从 (0,0,0)——所有物品都在这边——出发，只沿着立方体的实线棱移动，到达 (1,1,1)——所有物品都在对岸呢？当然，答案是"能"。实际上，从拓扑学的角度来看，我可以把这些棱平铺开来，见图 1.1(b)，解决方案就一目了然了。实际上有两种解决方案，如果我避免不必要的重复步骤的话就只有这两种(详见下面的知识栏内容)。它们仅仅因为狮子和生菜的对称操作而有所不同。

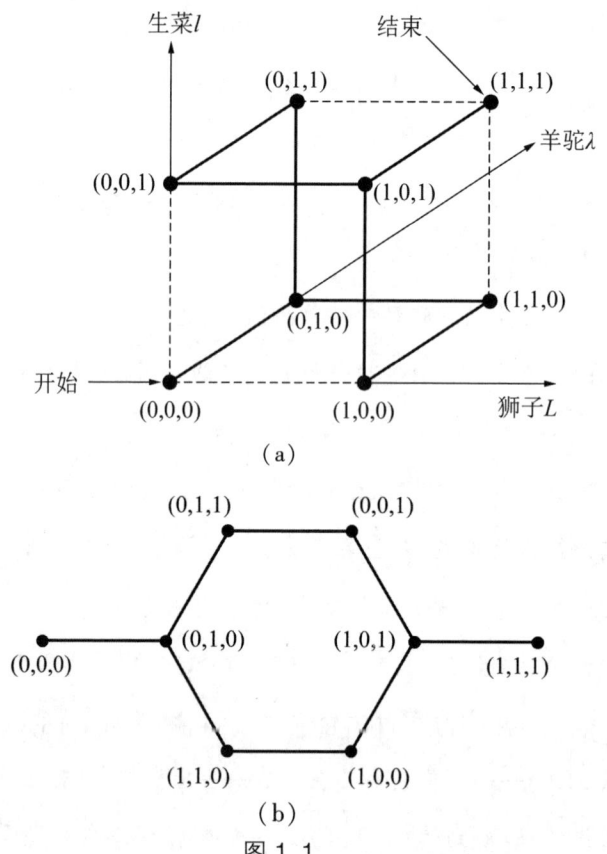

图 1.1

(a) 在狮子-羊驼-生菜空间中绘制的可能移动情况,虚线边表示禁止的移动,实线边表示符合要求的移动;(b) 简化后的实线边图形使得两种不同的答案显而易见

如何在农产品完好无损的情况下过河

- 解决方案 1

（0，0，0）起始状态；

（0，1，0）先把羊驼运过去；

（0，1，1）（返回并）把生菜运过去；

（0，0，1）把羊驼带回来；

（1，0，1）把狮子运过去；

（1，1，1）（返回并）把羊驼运过去。

- 解决方案 2

（0，0，0）起始状态；

（0，1，0）先把羊驼运过去；

（1，1，0）（返回并）把狮子运过去；

（1，0，0）把羊驼带回来；

（1，0，1）把生菜运过去；

（1，1，1）（返回并）把羊驼运过去。

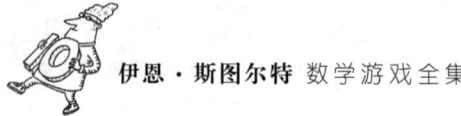

问 题

1. 接下来的一周,奎恩要带着一颗生菜、一只羊驼、一头狮子和一只利维坦巨兽去赶集。桥仍然是断的。

如你所知,无人看管的巨兽会吃掉狮子——除非同时有生菜在场,因为巨兽闻到新鲜生菜的气味就会变得温顺。画出这个图[它是在巨兽-狮子-羊驼-生菜空间中的一个单位超立方体,坐标(L,λ,l)全为0或1,

并且有一些边被删除,这或许对你有帮助,也或许没有],然后看看是否存在一个解决方案。

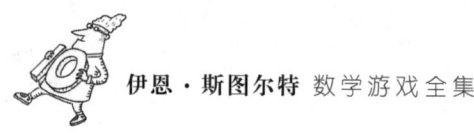

奎恩的几何方法适用于大量的谜题,在这些谜题中,物体必须根据特定规则重新排列,目标是从给定的起始位置到达给定的结束位置。其思路是形成一个由顶点(点)通过边(线)连接而成的图。每个顶点对应谜题中的一个位置,每条边对应一次符合要求的移动。那么谜题的解决方案就是图中的一条路径,将起始顶点与结束顶点连接起来。只要谜题足够简单,能够画出整个图,这样的路径通常一眼就能看出来。这种类型的谜题实际上是变相的迷宫,因为迷宫只是以一种稍微不同的方式绘制的图。

尽管奎恩的图形方法在原则上适用于许多谜题,但往往存在一个实际的障碍:如果位置太多或移动的数量太大,那么这个图就无法绘制出来。例如,原则上魔方可以通过绘制图来求解,但该图将需要43 252 003 274 489 856 000 个顶点!下一个问题差不多接近在实际操作中可行的极限,并且它还表明,多一些额外的思考可能会得出一个更简单的解决方案。

问　题

2. 借助奎恩的图形方法,你能不能想办法滑动图 1.2 中的三个方块(不能翻转它们),使得它们都移到该区域的右侧?

这个方块谜题有没有让你想起什么更简单的东西?这对解题有什么帮助吗?

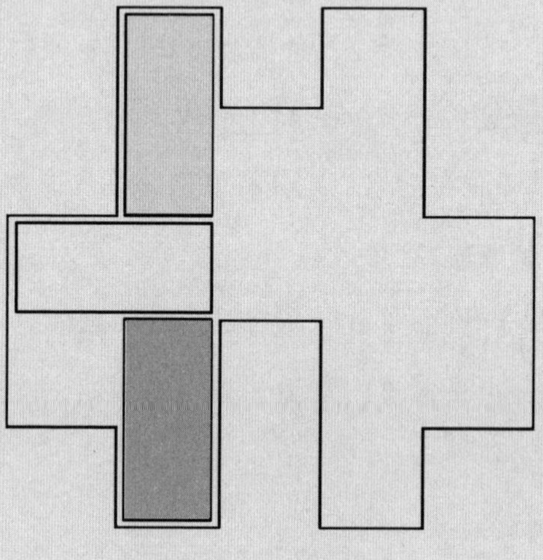

图 1.2 方块谜题

瓷砖与缠结的数学

另一个传统谜题会得出一个相当美观的图。河内塔(Tower of Hanoi,又叫汉诺塔)是由伟大的法国休闲数学家卢卡斯(Edouard Lucas)在1883年推向市场的(他使用的笔名是 M. 克劳斯)。1884年,德·帕尔维尔(M. De Parville)在《自然》(*La Nature*)杂志①中用浪漫的措辞对其进行了描述。

在贝拿勒斯的大寺庙里,在标志着世界中心的穹顶之下,放置着一块黄铜板,板上固定着三根钻石针,每根针一肘高,粗细如同蜜蜂的身体。

在创世之时,上帝将六十四个纯金圆盘放置在其中一根针上,最大的圆盘放置在黄铜板上,其他圆盘则越往上越小,直至最上面的那一个。这就是梵天塔。日夜不停,祭司们依照梵天那固定不变的法则,将圆盘从一根钻石针转移到另一根钻石针上,这些法则要求当值的祭司每次只能移动一个圆盘,而且必须将这个圆盘放置在一根针上,使其下方没有比它更小的圆盘。当这六十四个圆盘从上帝创世时放置它们的那根针全部转移到另外一根针上时,梵天塔、寺庙以及婆罗门教徒们都将化为尘土,伴随着一声霹雳,世界也将消失。

河内塔与梵天塔类似,但只有 8 个(或更少)圆盘。它是休闲数学家们的老朋友了,似乎关于它已经没什么新鲜事情可说了。但是,正如我们将会看到的,奎恩的图形方法会带来一个令人惊喜的结果,

---

① 这是 1873 年创办的一本法语杂志,旨在普及科学知识,并不是英语的《自然》杂志。——译者注

完全契合现在的时代。

为了明确起见,考虑三圆盘河内塔,也就是只有 3 个圆盘的河内塔。我们如何表示某个位置呢?将 3 个圆盘编号为 1、2、3,其中 1 是最小的圆盘,3 是最大的圆盘。将 3 根针从左到右编号为 1、2、3。假设我们知道每个圆盘在 3 根针中的哪一根上:例如,圆盘 1 在针 2 上,圆盘 2 在针 1 上,圆盘 3 在针 2 上,那么我们就完全确定了这个位置,因为规则意味着圆盘 3 必须在圆盘 1 的下面。我们可以将这些信息编码为序列 212,这 3 个数字依次代表圆盘 1、2 和 3 所在的针。因此,三圆盘河内塔中的每个位置都对应一个由 3 个数字组成的序列,每个数字都是 1、2 或 3。为了更清楚地说明这一点,我们在图 1.3 中画出了这个示例位置,并包含了这些编码。图中还画出了从这个位置出发的 3 种合法移动。

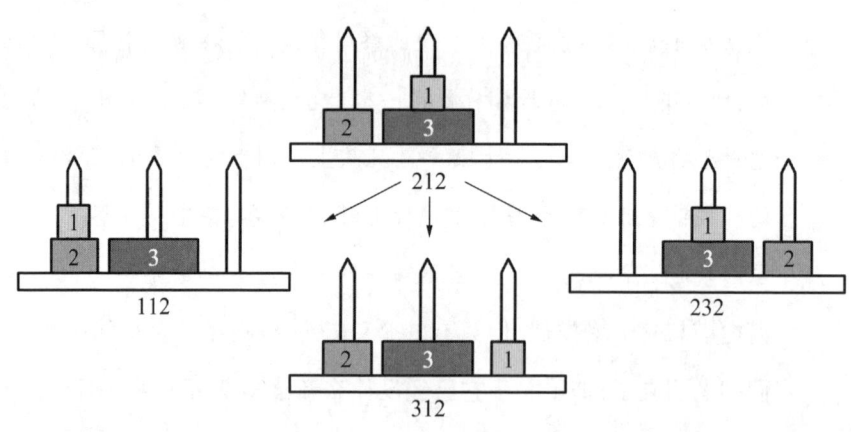

图 1.3 符合要求的移动

要构建这个图,我们必须首先找到一种表示所有可能位置的方法,然后找出它们之间的符合要求的移动,最后绘制出这个图。我会描述

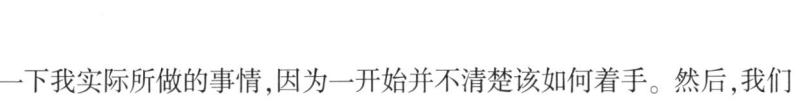

一下我实际所做的事情,因为一开始并不清楚该如何着手。然后,我们会凭借"事后诸葛亮"的眼光发现,其实有一个更加巧妙的方法。

三圆盘河内塔恰好有 3×3×3 = 27 种不同的位置。但是符合要求的移动是哪些呢?给定针上的最小圆盘必须在顶部。因此,它对应于该针的编号在序列中的首次出现。如果我们移动那个圆盘,我们必须将它移动到另一根针上的堆顶,也就是说,我们要改变这个数字,使它成为另一个首次出现的数字。

例如,在上述的位置 212 中,假设我们想移动圆盘 1。它在针 2 上,对应于序列中 2 的首次出现。假设我们将这个首次出现的 2 改为 1。那么这(显然)就是数字 1 的首次出现;所以从 212 到 112 的移动是符合要求的。从 212 到 312 的移动也是符合要求的,因为 3 的首次出现也是在序列的首位。

我们也可以移动圆盘 2,因为符号 1 的首次出现是在序列的第二位。但是我们不能将它改为 2,因为 2 已经在更早的位置(首位)出现过了。然而,改为 3 是符合要求的。所以我们可以将 212 改为 232,但不能改为 222。

最后,圆盘 3 无法移动,因为序列中的第三个数字 2 并不是 2 的首次出现。

总结一下:从位置 212 出发,我们可以符合要求地移动到 112、312 和 232,且只有这几种情况。

我们可以按照上述规则,列出所有 27 个起始位置经过符合要求的移动可到达的所有位置,如表 1.1 所示。

表1.1 三圆盘河内塔的符合要求的移动

起始位置	可到达的位置		
111	211	311	
112	212	312	113
113	213	313	112
121	221	321	131
122	222	322	132
123	223	323	133
131	231	331	121
132	232	332	122
133	233	333	123
211	111	311	231
212	112	312	232
213	113	313	233
221	121	321	223
222	122	322	
223	123	323	221
231	131	331	211
232	132	232	212
233	133	333	213
311	111	211	321
312	112	212	322
313	113	213	323
321	121	221	311
322	122	222	312
323	123	223	313
331	131	231	332
332	132	232	331
333	133	233	

问　题

3. 从表1.1可以发现,除了3个位置之外,其他所有位置都恰好有3种符合要求的移动。为什么这3个位置只有2种符合要求的移动?

接下来的任务需要细心和准确,但不需要太多思考。在一张纸上画27个点,用27个位置给它们标注,然后画线条来表示符合要求的移动。我第一次尝试做这个的时候,结果乱成了一团糟,就像一坨意大利面条似的。但经过一番思考,我重新排列了顶点和边以避免重叠,就得到了图1.4。

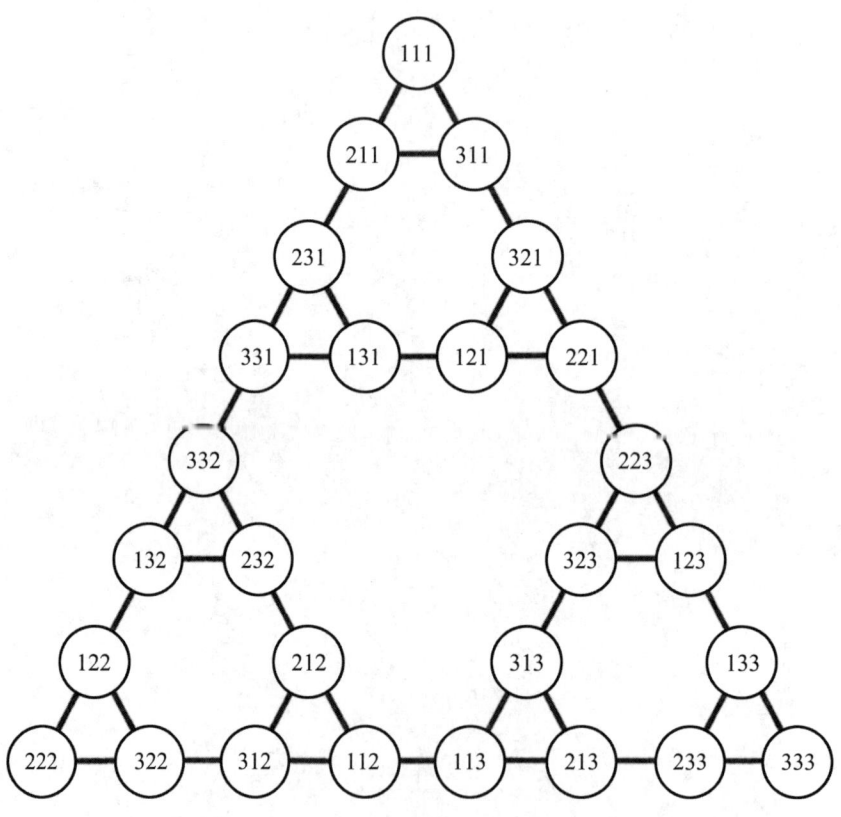

图1.4 三圆盘河内塔的图

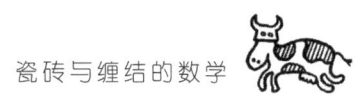

这么漂亮的图形不可能是巧合!

在我们探究这个图为何有如此规则的形式之前,可以注意到它已经回答了最初的问题。要将所有三个圆盘从针1(位置111)转移到针2(位置222),我们只需沿着图左边的边依次进行移动:

111→ 211 → 231 → 331 → 332 → 132 → 122 → 222

实际上,通过查看这个图,我们可以发现从任何一个位置都能到达其他任何一个位置,而且能清楚地看到最快的路线是什么。

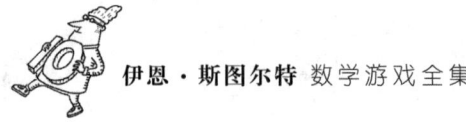

问　题

4. 在图1.4中，(1) 从211到212的最快路线是什么？

(2) 从211到213的最快路线是什么？

接下来探讨一个更深层次的问题:出现图 1.4 这种显著结构的原因是什么?

这个图由 3 个较小的图组成,通过 3 条单边连接形成一个大三角形。但每个较小的图本身又具有类似的三重结构。为什么一切都以 3 的形式出现,并且这些部分是以这种方式连接的呢?

如果你画出两圆盘河内塔的图,你会发现它看起来就和图 1.4 的上面三分之一一模一样。甚至顶点上的标签都是一样的,只是最后一位的 1 被去掉了。实际上,不用重新计算也很容易看出这一点。你可以用 3 个圆盘来玩两圆盘河内塔:只需忽略圆盘 3 就行,比如让圆盘 3 一直停在针 1 上。这相当于我们在玩三圆盘河内塔,但我们只关注那些以 1 结尾的三位数序列,比如 131 或 221。而这些恰好就是图中上面三分之一的序列。类似地,把圆盘 3 固定在针 2 上的三圆盘河内塔也是一种变相的两圆盘河内塔,它对应图的左下角三分之一;把圆盘 3 固定在针 3 上的三圆盘河内塔则对应图的右下角三分之一。

这就解释了为什么在三圆盘河内塔的图中我们能看到两圆盘河内塔图的 3 个副本。再进一步思考就会发现,在整个谜题中,这 3 个子图正是通过 3 条单边连接起来的。要连接这些子图,我们必须移动圆盘 3。什么时候我们能这样做呢?只有当一根针是空的,另一根针上只有圆盘 3,第三根针上有其余所有圆盘的时候!然后我们就可以把圆盘 3 移到空针上,这样就又产生了一个空针(它原来所在的那根针),并且其余圆盘都不受影响。有 6 个这样的位置,可能的移动会将它们两两连接起来。

同样的论证适用于任意数量的圆盘。例如,四圆盘河内塔的图由3个三圆盘河内塔图的副本组成,它们在角上像三角形一样连接。每个子图描述的是把圆盘4固定在3根针中的一根上的四圆盘河内塔;但这样的游戏实际上就是变相的三圆盘河内塔。依次类推可得图1.5。我们说河内塔谜题具有一种递归结构:$(n+1)$圆盘河内塔的解是根据一个固定规则由n圆盘河内塔的解确定的。

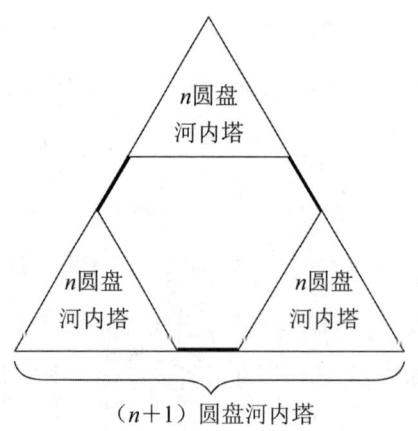

图 1.5　河内塔的递归结构

这种递归结构解释了为什么$(n+1)$圆盘河内塔的图可以由n圆盘河内塔的图构建出来。三角形对称性的产生是因为规则对针1、2和3的处理方式完全相同。你可以通过对零圆盘河内塔(它就是一个单独的点!)的图反复应用这个规则来推导出64圆盘梵天塔或者任意其他数量圆盘的图。

例如,图1.6展示了通过应用这种递归结构绘制出的五圆盘河内塔的图。要用智慧而不是蛮干！要是通过列出所有243种可能的位置并找出它们之间的所有移动来解决五圆盘河内塔问题，那可得花好几个小时——而且在这个过程中你很可能还会犯好几个错误呢。

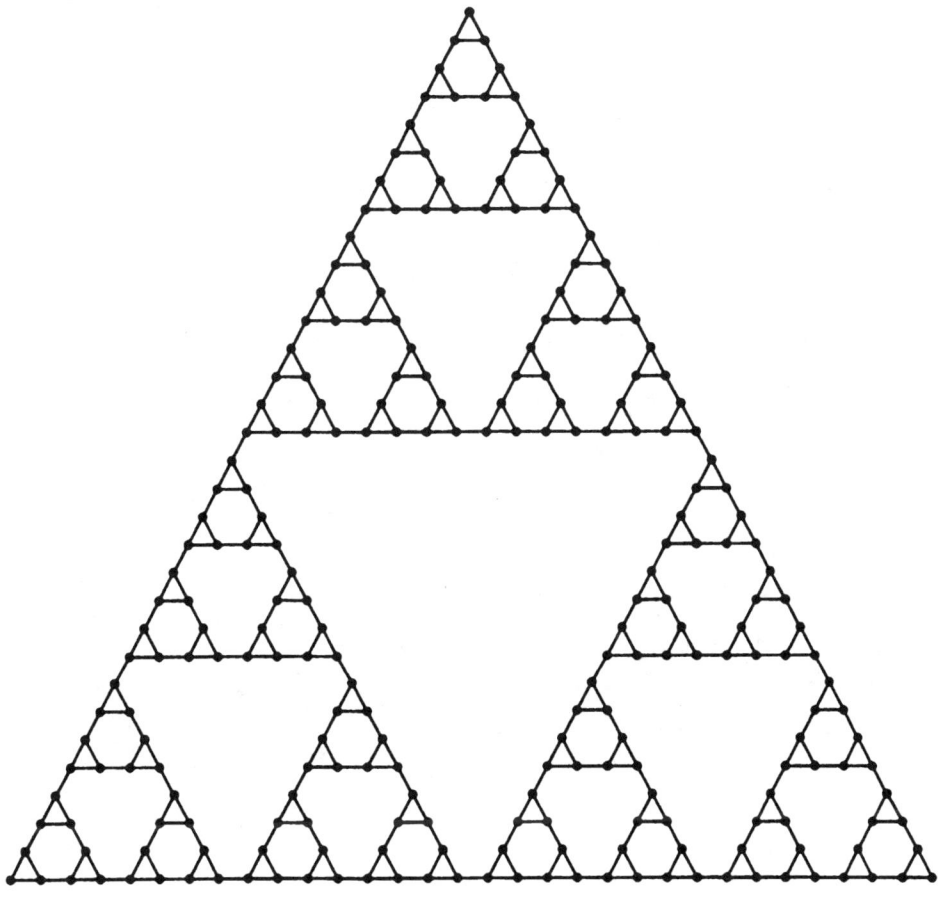

图1.6　五圆盘河内塔的图类似于谢尔宾斯基三角形

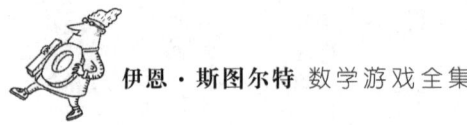

问 题

5. 在 n 圆盘河内塔中,将所有 n 个圆盘从一根针移动到另一根针所需的最少移动次数是多少?

6. 在 n 圆盘河内塔中,有多少种不同的移动(即图中的短边)?

问　题

7. 我还没有对图 1.6 中的顶点进行标注。不,我不是想让你去标注它!但我希望你能说明从原则上讲它是可以被标注的。在假设你知道如何标注 n 圆盘河内塔的图的情况下,请你制订出一个标注 $(n+1)$ 圆盘河内塔的图的规则。

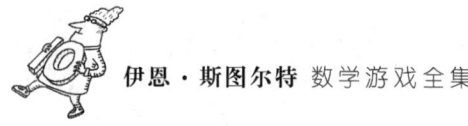

最后一点观察结论。随着圆盘数量越来越多,这个图变得越来越复杂,看起来也越来越像谢尔宾斯基三角形。这个形状是一种分形,它是一种在所有尺度上都具有精细结构的几何对象。这是一个惊人的结果,因为这个谜题在分形被发现之前近一个世纪就已经被发明出来了。这再次证明了数学令人瞩目的统一性。而且,它还有一个奇特的应用。

这一章最初于1989年8月刊登在《为了科学》杂志上,之后不久,我去参加了在日本京都举行的国际数学家大会,一位名叫欣茨(Andreas Hinz)的德国数学家向我做了自我介绍。他一直在尝试计算边长为单位长度的谢尔宾斯基三角形中两点之间的平均距离。他询问过的一位专家说这"非常困难"。另一位专家说这"很简单,等于 $\frac{8}{15}$",但经过更仔细的分析,这个结论并不成立。欣茨已经找到了河内塔谜题中位置之间平均移动次数的公式。

事实上,欣茨以及陈夏堂(Chan Hat-Tung,音译)各自独立地找到了 n 圆盘河内塔中位置之间平均移动次数的精确公式。所有可能的位置对之间的总移动次数(使用最短路径)由一个令人惊讶的公式给出,我把这个公式展示出来,作为数学家能想出的这类事物的一个例子。

$$\frac{466}{885} \times 18^n - \frac{1}{3} \times 9^n - \frac{3}{5} \times 3^n + \left(\frac{12}{29} + \frac{18}{1003}\sqrt{17}\right)\left[\frac{1}{2}(5+\sqrt{17})\right]^n + \left(\frac{12}{29} - \frac{18}{1003}\sqrt{17}\right)\left[\frac{1}{2}(5-\sqrt{17})\right]^n$$

欣茨和陈夏堂最初并没有意识到这与谢尔宾斯基三角形有什么关联。在阅读了我的文章之后,欣茨发现他可以利用自己对河内塔的计算结果。因为河内塔有 3^n 个位置,所以两个位置之间的平均距离渐近于 $\frac{466}{885} \times 2^n$,这是通过忽略公式中除首项(最大项)之外的所有项并除以 3^{2n} 得到的值。这意味着,当 n 变得非常大时,精确答案与这个近似值的比值趋近于 1。

现在,河内塔图的边长是 2^n,为了使边长等于 1,我们将其除以该值,这样在圆盘数量趋于无穷大的极限情况下就能得到答案 $\frac{466}{885}$。而具有无穷多个圆盘的河内塔图就是谢尔宾斯基三角形。因此,单位谢尔宾斯基三角形中两点之间的平均距离恰好是 $\frac{466}{885}$。

这比第二位专家所提出的值大约小 2%。谁说休闲数学没有重大成就呢?对于关注数学中奇特数字的人来说,欣茨还证明了距离的方差恰好是 $\frac{904\,808\,318}{14\,448\,151\,575}$。我建议你们把这两个数值添加到自己的收藏中。

答　案

1. 现在这个图是在巨兽-狮子-羊驼-生菜空间中的一个单位超立方体,其中有一些边被删除了,就像图1.7那样。狮子、羊驼、生菜的坐标与图1.1(a)一样,巨兽的坐标 β 可选择内部或外部的立方体。

一种可能的解决方案如下:

① 先把羊驼运过去;

② (返回并)把狮子运过去;

③ 把羊驼带回来,把生菜运过去;

④ (返回并)把巨兽运过去;

⑤ (返回并)把羊驼运过去。

还有另一种7步的解决方案,你能想出来吗?

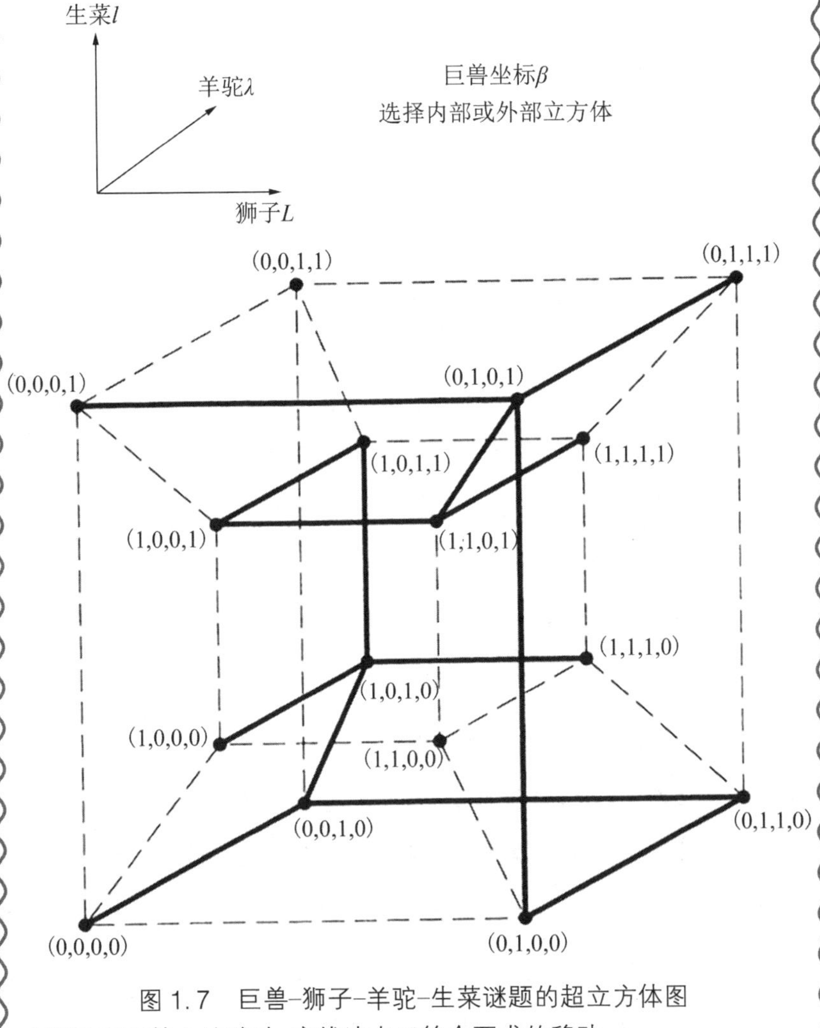

图 1.7 巨兽-狮子-羊驼-生菜谜题的超立方体图
虚线边表示禁止的移动,实线边表示符合要求的移动

2. 这个图相当大，有很多环路和死胡同。你需要比这页纸更大的纸张来画，这里没地方给出答案了。但不管怎样，有一个更快的方法来解决这个谜题，因为它是狮子-羊驼-生菜谜题的变形版本。无阴影的方块就相当于羊驼，先把它移开才能滑动其他方块，然后还要把它移回左侧才能滑动另一个方块。

3. 如果每根针上有一个不同大小的圆盘，那么就有3种可能的移动：小圆盘可以放到另外两根针中的任意一根上，或者中等大小的圆盘放到最大的圆盘上。如果有一根针是空的，也有3种可能的移动：把任意一个顶部的圆盘放到空针上，或者把较小的圆盘放到较大的圆盘上。但是，当有两根针是空的，所有圆盘都堆在一起时，就只有2种可能的移动：把顶部圆盘放到任意一根空针上。

4. (1) 从211到212的最快路线：

211 → 231 → 331 → 332 → 232 → 212

(2) 从211到213的最快路线：

211 → 311 → 321 → 221 → 223 → 323 → 313 → 213

5. 在 n 圆盘河内塔中,图的每条长边上的顶点数量在每个阶段都会翻倍,因此对于 n 圆盘河内塔来说是 2^n。我们想要的是每条长边上的短边数量,它比顶点数量少 1,也就是 2^n-1。

6. 假设 n 圆盘图中有 E_n 条边。递归结构意味着 $E_{n+1} = 3E_n + 3$;此外,$E_1 = 3$。因此

$$E_n = 3 + 3^2 + 3^3 + \cdots + 3^n = \frac{3^{n+1} - 3}{2}$$

7. 给 $(n+1)$ 圆盘河内塔的顶部子图进行标注时,可完全按照 n 圆盘河内塔的标注方式,只是在末尾额外添加一个 1。要得到左下角的子图,可将顶部子图(以及相应的标注)逆时针旋转 120°,并且把 1 换成 2,2 换成 3,3 换成 1。要得到右下角的子图,则将顶部子图(以及相应的标注)顺时针旋转 120°,并且把 1 换成 3,3 换成 2,2 换成 1。

第 2 章
密铺与错误

在经历了千辛万苦之后,虫爸爸亨利、他的妻子安妮-莉达和虫宝宝沃姆特德终于搬进了新家。他们的新家位于一座现代公寓中,家中还有防鸟报警器之类的高科技设备。现在,他们舒舒服服地待在新家,享受着生活,欣赏着新家的种种优点。对于这个新家,虫妈妈安妮-莉达最满意的地方是它没有陡峭的隧道需要攀爬,但她不喜欢新家的浴室。

"亨利!过来,亨利!"

亨利不情愿地从他的书房里扭了出来(那里有一把舒适的椅子和他最喜欢的书),然后沿着陌生的隧道爬到了浴室。

"什么事,亲爱的?"

"亨利,那个建筑商不是承诺浴室会全部铺上瓷砖吗?"

"确实是这样,宝贝。"

"可是没有啊!墙壁还是普通的灰泥,角落里却堆了一大堆瓷砖!"

"好吧,我现在就去给他打电话,亲爱的。"亨利无奈地说。虫爸爸立刻打了电话,但是他得到的回复却是:"是的,先生。是的,您说

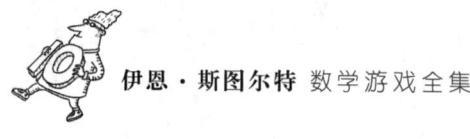

得对,先生。我们遇到了一些麻烦。您夫人订购的那些装饰瓷砖,形状很奇怪,太奇怪了,我们无法把它们拼在一起。"

"你在说什么?"

"年轻的铺瓷砖师傅泰勒说,他摆放那些瓷砖时一直出现空隙。"亨利生气地甩了甩尾巴。

"我这辈子从没听过这么荒谬的借口!"

"尽管您可能真的没有听过这样的案例,但是先生,我必须告诉您,这个问题真的让我们完全蒙了。"

"随便用几块砖拼成一个长方形,然后用同样的长方形铺满整面墙。这样简简单单不就行了吗?"

"没错,先生。我们行业里惯用的手法就是这样。泰勒先生也确实是这样打算的。但问题在于,他无法将它们组合成长方形。此外,您还需要记住,先拼成长方形并不是用瓷砖铺满整个墙面的唯一方式。"

但是现在亨利已经将心思放在了将它们设置成长方形的解决方案上,他的反应很快:"胡说!"

"你看,我会让他再试一次,"建筑商带有歉意地说道,"嗯……等下个星期二,呃,之后要再过三周才有空……"

"胡说八道!"亨利说,"我自己会做!"然后他狠狠地挂断电话,气呼呼地走开了。(如果你不知道蠕虫气得直跺脚是什么样子,请想象一架非常愤怒的风琴。)他重重地踏回浴室,就建筑质量问题对着妻子侃侃而谈一番后,他打开了瓷砖盒子。

"嗯,是的,这个形状有点不寻常(见图2.1),"他说,"但不算难。如何将它们拼凑在一起填满一个长方形,这才是问题。呃,这肯定很容易……"

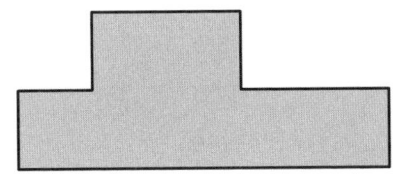

图2.1 虫虫之家的浴室瓷砖

两天过去了,虫爸爸亨利越来越沮丧。最后,他被迫去他的朋友爱虫斯坦(他在专利局工作)那里寻求专家意见。

经过深思熟虑,爱虫斯坦说:"有趣啊。我注意到你的瓷砖块是一种多联骨牌形状,即由一组相等大小的正方形格子紧密连接而成的平面图形,使各个拐角都完美吻合。如果使用了 n 个这样的正方形格子,那么就称之为 n 联骨牌。"随着 n 的增加,n 联骨牌的多样性会迅速增加,参见表2.1。其中,$P(n)$ 是不考虑旋转和对称的不同 n 联骨牌的种数,$Q(n)$ 是计入旋转和对称的不同 n 联骨牌的种数。

表2.1 n 联骨牌的多样性

n	$P(n)$	$Q(n)$
1	1	1
2	1	2
3	2	6
4	5	19
5	12	63

(续表)

n	P(n)	Q(n)
6	35	216
7	108	760
8	369	2725
9	1285	9910
10	4655	36 446
11	17 073	135 268
12	63 600	505 861
13	238 591	1 903 890
14	901 971	7 204 874
15	3 426 576	27 394 666
16	13 079 255	104 592 937
17	50 107 911	400 795 860
18	192 622 052	1 540 820 542

目前,克拉纳(David Klarner)、康威(John Conway)和盖伊(Richard Guy)已经证明:当 n 足够大时,$P(n) \approx \dfrac{Q(n)}{8}$,而 $Q(n)$ 又约为 a^n,且 $3.72 < a < 4.5$。

"为了能准确地描述问题,"爱虫斯坦继续说道,"让我遵循克拉纳在1969年提出的思路——我们需要定义一个新概念:n 联骨牌的'阶数',即可拼成长方形所需的同一造型 n 联骨牌的最少数量。当然,前提是该造型的 n 联骨牌确实可以拼成长方形,否则这个'阶数'就不存在了。"

问　　题

1. 你知道什么样造型的 n 联骨牌是无论怎么拼都不可能拼成完整的长方形的吗？我是说，不能拼成任何尺寸的长方形，无论它的长、宽、大小是多少都不行。

在图 2.2 中,我们列出了一些 n 联骨牌的例子。请注意,想要证明某种 n 联骨牌的阶数为 m,你需要做两件事。

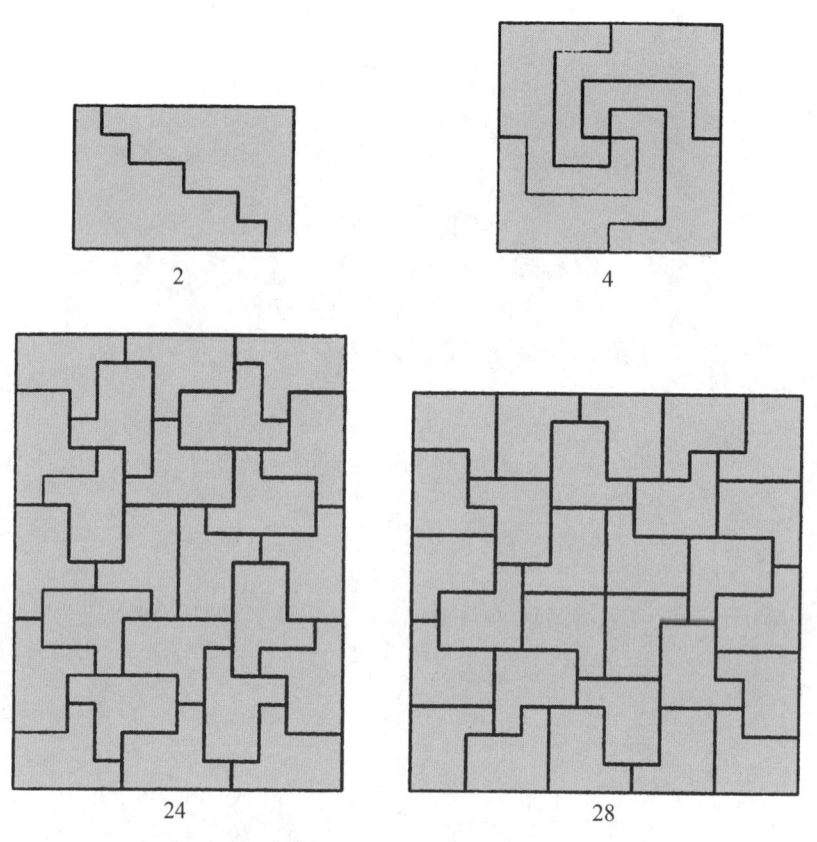

图 2.2 不同阶数的骨牌

首先要找到用 m 块同样的 n 联骨牌拼成长方形的方法。

其次,要证明任何小于 m 块的拼法都无法拼出长方形。

你可能会认为前者较难,但通常后者才是难点。理论上,只要确定了 n 联骨牌的造型,以及长方形的大小和形状,就能知道该 n 联骨牌是否能拼成长方形。

　　但是，针对这个问题，我们目前已知的解题方法唯有不断试错。随着 n 的增加，这种试错法会越来越不具备可操作性。即使所需拼成的长方形只是中等大小，试错法也会因为复杂程度太高而变得不可行。目前，数学家还没有发现解决该问题的通用法则，并且很多 n 联骨牌的阶数至今还处于"未解"状态。由于这一领域的空白太多，哪怕只是业余的数学爱好者们，都仍有很大的施展空间。

　　爱虫斯坦告诉亨利："你的瓷砖实际上是一种七联骨牌，即由七个正方形相连组成的骨牌。我们真正想知道的是，它是否存在阶；如果存在，那么它到底是多少阶的。但我认为，我们不要一上手就研究七联骨牌，这有点操之过急了，亨利。为什么不从单格、二格、三格、四格、五格的骨牌开始探索呢？"

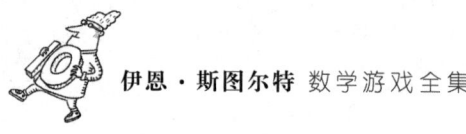

问　题

2. 图 2.3 展示了 $n = 1$、2、3、4、5 时可能的 n 联骨牌形状。你能推算出它们的阶吗？图中编号为 Y 的五联骨牌可能比较难，但还是可以拼成长方形的。

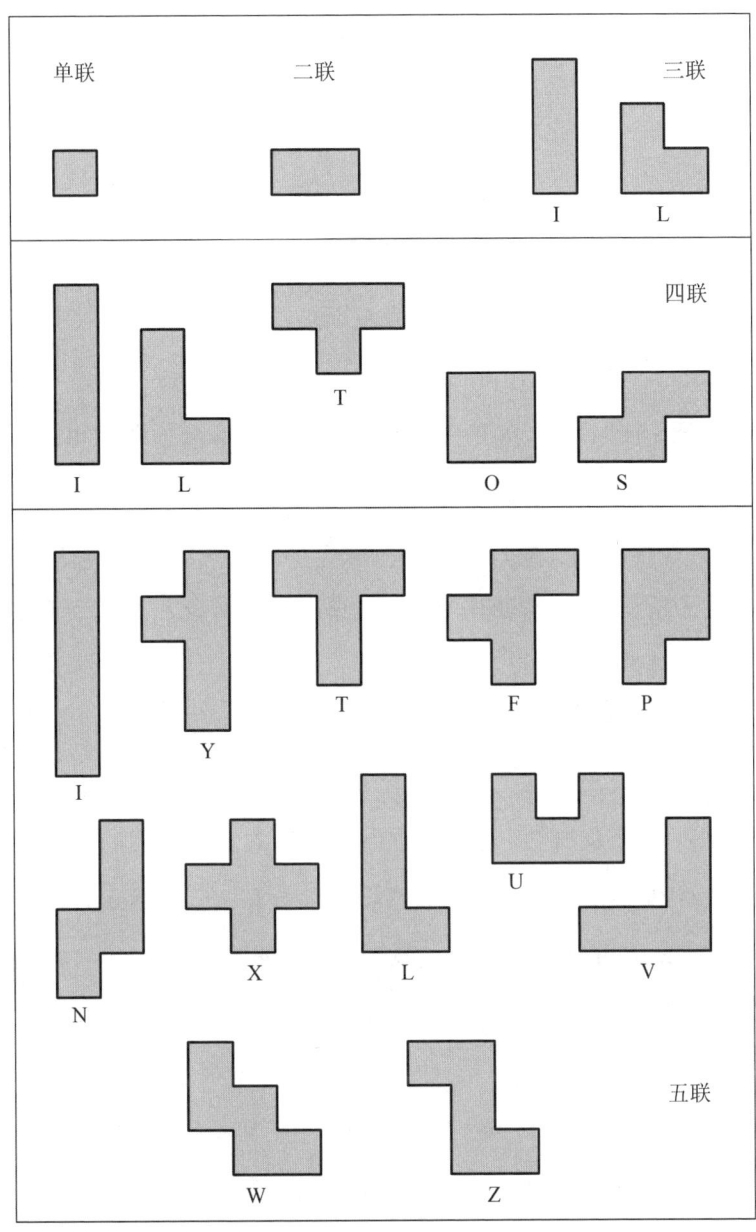

图 2.3 一些可能的骨牌形状

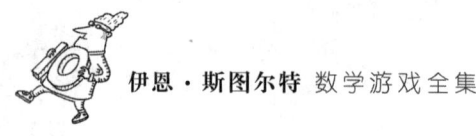

"啊哈！在这些早期阶段,我甚至能够看出一些普遍的规律,"爱虫斯坦说,"显然,当且仅当它本身就是一个长方形时,n 联骨牌的阶数为 1。"

"如果这就是你的发现的话,爱虫斯坦,我想我要回家了,去做些更有趣的事情,比如观察仙人掌的生长。"

"只是陈述一个事实而已,"爱虫斯坦不悦地说道,"即使是最微不足道的事实也可能有用处。不过,让我们开始探讨一些更为复杂的内容吧。按照定义,如果一个长方形可以被切分为两个相等的 n 联骨牌,那么这个骨牌就是 2 阶的。

"为了满足这一要求,切割线必须在 180°旋转下对称。这就有效地描述了所有 2 阶骨牌的形状。这也很有用,因为大多数已知的有阶数的骨牌都是 2 阶的。

"而 3 阶骨牌则更加错综复杂。克拉纳于 1969 年猜测 3 阶骨牌不存在,并补充道:'这个想法在直觉上是清晰的,但似乎难以进行形式化证明。'据我所知,到目前为止还没有人发表确切的证明:在 1989 年出现的一篇文章中提到该问题尚未解决。但克拉纳是正确的,因为我,爱虫斯坦,最近已经找到了一个证明。"

"那么 4 阶呢?"亨利问道,一副很有探究精神的样子。爱虫斯坦显然要花一些时间才能讨论到安妮-莉达的那种浴室瓷砖,但亨利不着急,真的完全不着急。更何况,按目前的情况来看,安妮-莉达的浴室瓷砖能拼成长方形的希望越来越渺茫了,甚至可能根本拼不成长方形。

爱虫斯坦接着说道："有人推测，4 阶骨牌的出现方式有不多不少正好两种(见图 2.4)，但这一点似乎很难证明——好吧，我证明不了——但如果有人擅长这个，也不是完全不可能。"

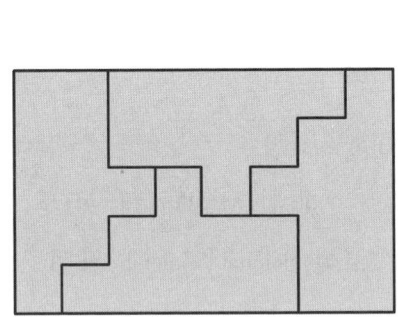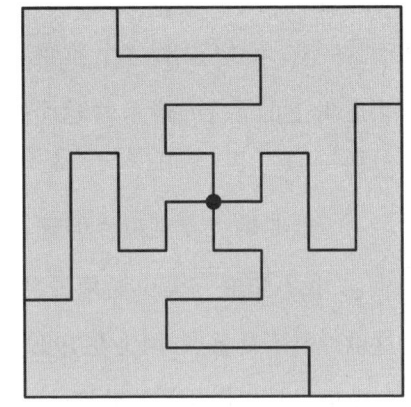

图 2.4 两种方式的骨牌

"还有 5 阶的呢？"

"没有人知道 5 阶的骨牌是什么样子。直到最近，已知的比 4 阶大的骨牌阶数只有 10、18、24、28、76 和 92。"

"这些数很奇怪。"亨利说道。

"确实如此，"爱虫斯坦同意道，"如果这些是所有可能的情况，92 就是一个非常不同寻常的数，它是最大的骨牌阶数。"

"嗯，92 还有其他奇怪的性质吗？"

爱虫斯坦从书架上拿出一本韦尔斯(David Wells)的《企鹅奇妙数字字典》(*The Penguin Dictionary of Curious and Interesting Numbers*)。

"这里面没有关于它的内容。"他说。

"也许它并不奇,也不妙。"亨利说。

"关于这一点,有个老掉牙的数学家笑话,"爱虫斯坦说,"讲的是:理论上来说,每个数都是有趣的。证明如下:如果某个数不具有趣味性,那么就一定存在一个最小的不具有趣味性的数——而这一点,恰好说明这个数是具有特殊性、趣味性的。这就导致了逻辑上的矛盾,暗示着这个'存在无趣的数'的假设一定是错误的。"

"啊,是啊,"亨利说,"但有人会好奇这个吗?"

"我不知道,"爱虫斯坦说,"这是一个非常奇怪的问题。但是,这也可能不是重点,因为在 1989 年,戈洛姆(Solomon Golomb)证明了阶数可以是任何 4 的倍数。"

"那我的浴室瓷砖呢?"亨利说。

"那是一个七联骨牌,而我甚至还没讨论到六联骨牌呢!"爱虫斯坦回答道,"现在,六联骨牌共有 35 种,已知其中仅有 10 种可以铺成长方形。我会给你一些线索,让你尝试去找到它们。其中有两个是 1 阶的,五个是 2 阶的,一个是 4 阶的。"爱虫斯坦迅速拿出纸和铅笔,为亨利画了一个草图。"这里还有一个 18 阶的骨牌[见图 2.5(a)],你可以试着剪出 18 个这种骨牌,然后尝试将它们拼成一个 9×12 的长方形。很长一段时间内,只有一种六联骨牌的阶没能确定,就是 Y 型六联骨牌[见图 2.5(b)]。但在 1989 年,达尔克(Karl Dahlke)证明了 Y 型六联骨牌的阶数为 92。我之前承诺过会详细介绍,现在我说到做到了。"

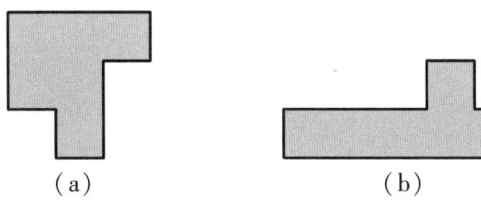

图 2.5

(a) 阶数为 18 的六联骨牌;(b) Y 型六联骨牌,其阶数直到 1989 年才被确认

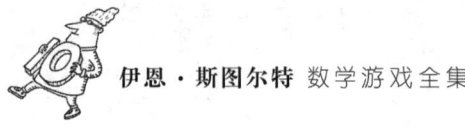

问　题

3. 六联骨牌中,阶数小于等于4的有8种,你能把它们找出来吗?你能将图2.5(a)中的六联骨牌拼成长方形吗?如果你愿意的话,你还可以尝试用92块图2.5(b)中的Y型六联骨牌拼成一个长方形。不过,我必须说明,达尔克本人用C语言编程,然后用计算机足足算了3天,才做到这一点呢!

"是的,爱虫斯坦。您还答应过要聊一下安妮-莉达的浴室瓷砖。"

"当然。那相当有趣。你看,直到不久前,人们已发现的、大于2阶的七联骨牌只有1种。除了一个例外,其他的七联骨牌要么形状为 1×7 的长方形,要么是以我之前描述的方式构建出2阶,要么就是不能拼成长方形。唯一的高阶七联骨牌是由来自纽约州恩德维尔市的詹姆斯·斯图尔特(James Stuart)发现的,它的阶数是28。"

"啊!那个就是我的浴室瓷砖吗?"

"当然不是!你的瓷砖碰巧是唯一一个还未确认的……"亨利说了个对虫子而言不太礼貌的词。

"但是,最最最近又有了进展!达尔克再次拯救了你!"爱虫斯坦说,"此外,在1989年,他改进了他的六联骨牌程序,证明了你的那种七联骨牌的准确阶数——78(见图2.6)。"(细心的读者指出了达尔克的论文中有些古怪:标题声称阶数为76,但是他展示用于证明的图片使用了78块七联骨牌。)

亨利非常感谢他的朋友,他匆忙回家告诉安妮-莉达。他想:"她一定会大受震撼!"当他到家时,虫妈妈正在厨房里做奶冻。

"安妮-莉达!我解决了瓷砖的问题!"

"只要你不弄破瓷砖就行,亨利。"她嗤之以鼻地说道。

"不,不需要切碎瓷砖,真的!你只需要把它们中的每78块拼成一个长方形!"

"亨利,你有时候就是出类拔萃。太好了!我们会立刻开始。你数出78块瓷砖,我来清洗墙壁。"她高傲地扫了一眼厨房,沿着走廊

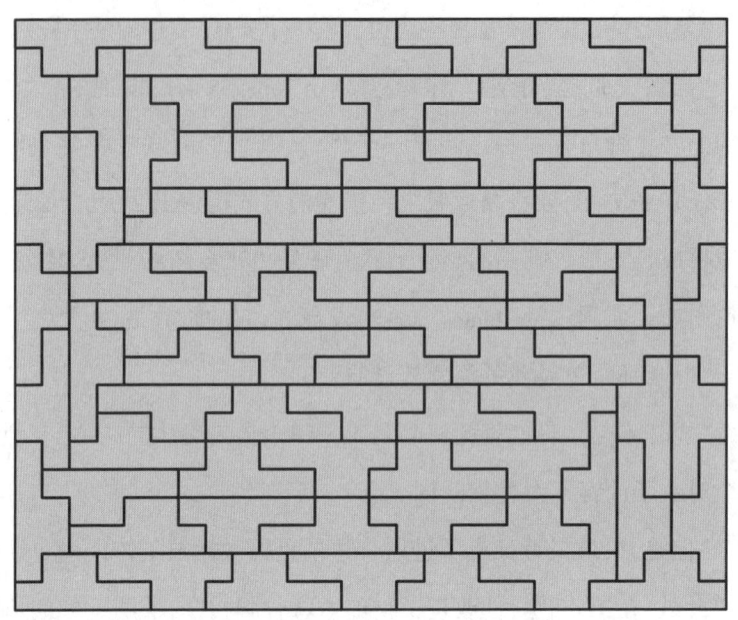

图 2.6 七联骨牌拼成的长方形

向浴室走去。亨利跟在她身后。

当安妮-莉达开始猛刷墙壁时,亨利拿起了瓷砖盒子。也许标签上会说明里面有多少块,他心想。那么我只需要拿掉一些就可以节省力气。他把盒子翻过来看标签,上面写着:

组合陶瓷公司

七联骨牌瓷砖

77 片装

亨利说了另一个十分不礼貌的词,但好在声音够轻,安妮-莉达没有听到。他紧张地转向他的妻子。

"嗯,我的甜心安妮-莉达,我想我们有一个小问题。"

答　案

1. 不能拼成长方形的最简单例子是一个中间有个洞的 3×3 方格形成的八联骨牌。由于洞的存在，它永远也不能"填满"一个长方形。其他中间有洞的 n 联骨牌也都是如此。

2. 单联和二联的骨牌本身就是长方形的，因此阶数为 1。同理，I 型三联骨牌、I 型四联骨牌、O 型四联骨牌和 I 型五联骨牌的阶数也是 1。

L 型三联骨牌、L 型四联骨牌、L 型五联骨牌和 P 型五联骨牌的阶数是 2。T 型四联骨牌的阶数是 4，而 Y 型五联骨牌的阶数是 10（这是唯一需要你花点时间尝试的情形，你可以在 5×10 的长方形上进行尝试）。

剩下的那些骨牌，包括 S 型四联骨牌，T 型、F 型、N 型、X 型、U 型、V 型、W 型和 Z 型五联骨牌等，都不能拼成长方形。想要证明这些情形并不难，因为我们可以想象这些骨牌放在长方形的角落会发生什么。它们的形状决定了它们在角落位置无法不留空隙地拼合起来。

表2.2对上述结果进行了总结。

表2.2 n联骨牌的阶数($n \leqslant 5$)

n	形状	阶数
1		1
2		1
3	I	1
	L	2
4	I、O	1
	L	2
	T	4
	S	*
5	I	1
	L、P	2
	Y	10
	F、N、T、U、V、W、X、Z	*

注:*表示阶数不存在或未确定

3. 图2.7展示了10种已知可拼成长方形的六联骨牌及其拼法,其中左下角的图展示了Y型六联骨牌是如何拼成长方形的,该解法由达尔克提供。

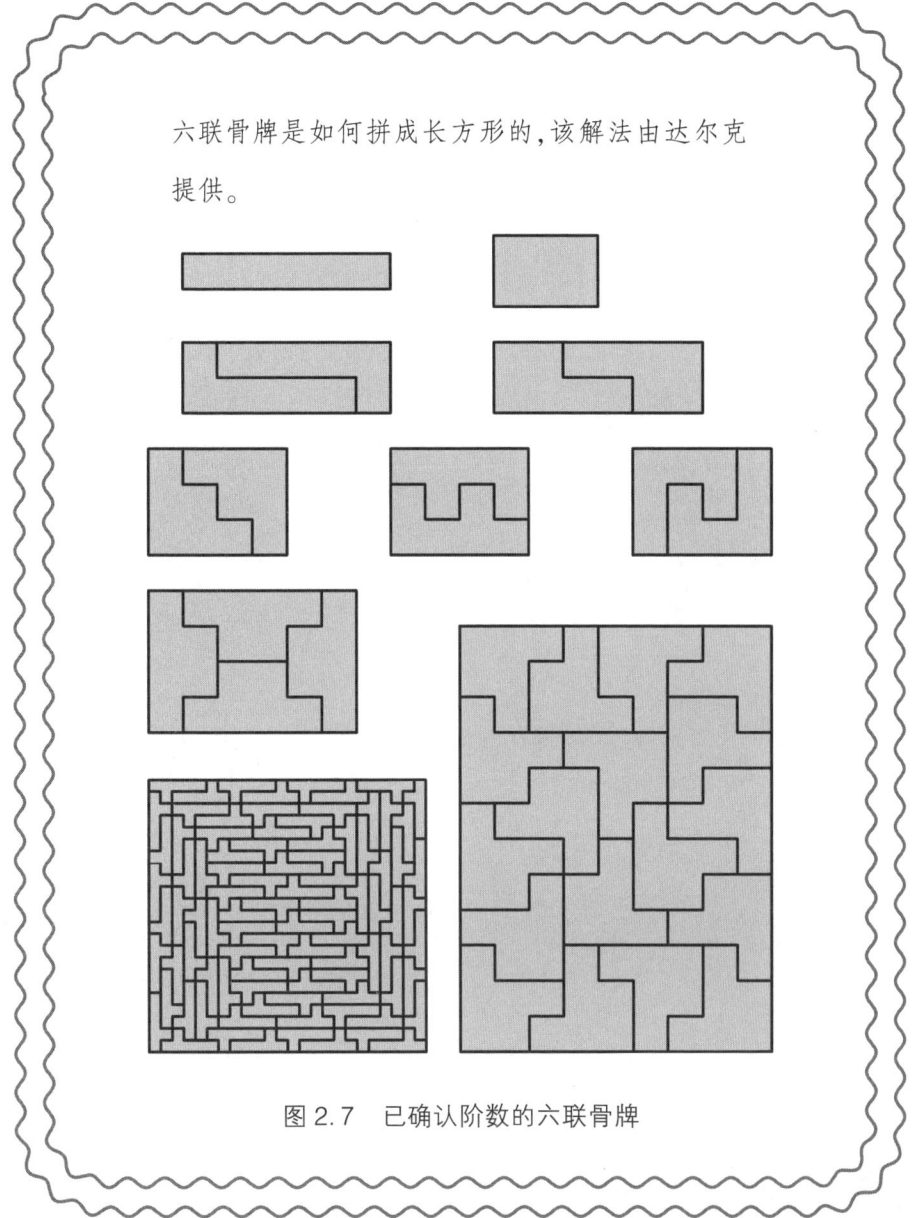

图 2.7 已确认阶数的六联骨牌

第 3 章

进化万花筒

1859 年，达尔文（Charles Darwin）在他的著作《物种起源》(*On the Origin of Species*)中提出进化论。此后，该话题一直备受争议。这并不难理解：进化论讲述的是遥远的过去；它不仅否定了人类的地位高于其他生命形式的观点，也否定了"人类是造物的最终目的"的信念，这就触怒了全球近一半的宗教。

尽管有不少宗教派别已经逐渐接受了达尔文的进化论，认为这就是神创造人类的机制，但另一些宗教派别则采取政治手段推广自己的理论，并排斥达尔文的进化论，例如美国的"神创论科学家"就是如此。在20世纪80年代，美国阿肯色州和路易斯安那州以法律形式规定，在学校中必须平等对待进化论和神创论科学，尽管后者并没有像前者那样接受了同样漫长的科学审查。在经历了相当多的抗议后，这一立法被最高法院否决了，因为该法律违反宪法中教会与国家分立的规定。我们必须认识到，达尔文进化论只是一种科学理论，而不是确定的事实。但是，我们也要认识到，科学理论通常比宗教或哲学中所谓的事实经历了更加严苛的论证。对于进化的研究仍然没有停止，而且许多问题仍未得到解决，我们很快就会看到。

达尔文的基本思想是：物种之所以会发生进化，并形成越来越复杂的物种，是因为随机突变和繁衍后代的个体之间的竞争。这个理论简单直白，以至于有些人认为它是不证自明的（在某种程度上确实是这样），因此缺乏解释能力（实际上并非如此）。但是，科学之所以成为科学，是因为我们并不因某种理论的简单优雅而接受它，而是要对这些理论进行严格的测试验证，并用这些理论来进行预测，再与实际结果进行比对。

但是，对进化论而言，这一原则就很难适用了。进化论"预测"的是遥远的过去，而其验证也往往是通过化石进行的。但化石可谓是任何科学家都不愿意使用的、世界上最糟糕的数据库之一：它们不可靠、难以诠释，还存在数据缺失的情况，甚至已有结论随时可能被新化石推翻。当然，这也是进化论如此引人入胜又惹人非议的重要原因。

对于进化论，目前存在许多争议，其中之一（也仅仅是其中之一）就是所谓骤变论和渐变论之间的争论。以道金斯（Richard Dawkins）为代表（此处省略了其他代表人物）的渐变论学派认为，进化是一个连续的过程，是由一系列微小的阶段组成的。骤变论学派中最著名的是古尔德（Stephen Jay Gould）。他认为，新物种的演化只会在短暂的时刻突然发生。我们都在教科书上看到过那些形状优美的进化树（见图3.1），它们以叉枝状向上延伸，最终在人类上方形成一颗耀眼的星星，就像圣诞树上的星星一般明亮。这些重建后的进化树看似非常整齐，但支撑它们的化石记录却非常不连贯、不规则。渐变论学派将这些明显的不连续解释为化石记录中的断层，这些断层也许会

图 3.1 将人类置于顶端位置的教科书式的进化树
这幅图来自 1866 年出版的海克尔（E. Haeckel）的《有机体的普通形态学》（*Generelle Morphologie der Organismen*）

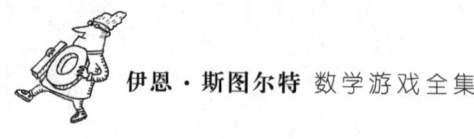

被未来的新化石发现填补,也许会因岩石沉积的不规则方式而注定无法填补。我们必须承认,这个观点并非没有道理。但相对地,骤变论学派则认为化石记录之所以不连续,是因为演化本身并不是连续的,即新物种的产生源于突变而非渐变。那么,骤变论学派和渐变论学派究竟孰对孰错?亦或者,两者都不对?

最近的某个晚上,我舒舒服服地躺在沙发里,而我的猫则舒舒服服地趴在我的腿上。当时,我无所事事,脑海里胡思乱想着进化过程到底是"骤变"的还是"渐变"的。这时,门铃响了,原来是快递员送来了一个包裹。这个包裹用普普通通的棕色牛皮纸包着,上面贴着一张蓝色标签:"生态垫仪器有限公司",另外还有一张红色标签,写着:"易碎物品!"

这太令人疑惑不解了。在此之前,我可从没听说过"生态垫"这家公司,更不可能从他们那里订购什么东西。但是,对着一个没拆封的箱子胡乱猜测显然是没有意义的。于是,我拆开了包装,里面是一个标着"进化万花筒:I号原型机"的纸盒。

我的好奇心被彻底激起。于是,我打开盒子,发现里面是一件奇特的头戴装置,类似于音乐播放器和太阳镜的组合。它的控制区域上有很多刻度盘、旋钮、按钮、操纵杆,还有闪烁发光的指示灯。它看上去就像是一个常见的音乐播放器。

在这个头戴装置的下面,摆着一本厚厚的塑封线圈本,这是它的使用手册。

我拿起那个装置,将它戴在头上。有一种奇怪的不连续感,房间瞬间晃动了一下;然后一切又恢复了清晰,但却变得完全不同。房间不见了,取而代之的是一个平面。实际上,它并不是真正的平面——我越是集中注意力,就越能看到更多维度,数百、数千、数百万……但我一直将它想象成一个平面。到处都是我见过的最奇怪的生物,密密麻麻地聚集在一起。我看向我的膝盖所在之处,那里确实有我的猫,一只有着棕色毛皮的瞌睡虫。但是旁边还有另一只猫和另一只猫,以及另一只猫,数以百万计的猫,全都挤在一起,比沙丁鱼罐头更密密麻麻……而且每只猫都略微不同。有些是虎斑猫,有些是黑白相间的猫;有些胖,有些瘦。当我把目光转向更远的一侧时,我看到了一只有两条尾巴、五条腿、三只眼睛的猫,一只用滚轮代替了爪子的绿色猫,一只透明的猫。还有一只球形猫,它在追着一只同样呈球形的老鼠在地上滚动……

这么小的空间,怎么能挤下那么多只猫呢?我一脸迷惑地翻开使用手册。和其他许多使用手册一样,它的文字晦涩难懂,我费了好一番周折才终于找到了一个看上去有点相关的条目:

> **形态空间**:进化万花筒的默认模式是呈现实时形态空间的静态视图。多维连续体中的每个点都对应着一个潜在生物的形态。通过进化万花筒,你不仅能够直接查看形态空间,还可以看到与各点相关联的生物。你可以通过"调节适应性"按钮来选择生物的生存能力。

我找到这个按钮并按下了它。视野中的平面开始膨胀成为一个弯曲的、有着多个山峰和峡谷的景象(见图3.2)。我的猫浮到了我

面前,站在其中一个小山峰上。视野的远处有狗、牛、长颈鹿和蚯蚓,每个物种都栖息在自己的山峰上。此外,还有其他一些奇怪的生物:其中一只我称之为"电话象",因为它的鼻子长得像一只电话听筒;还有一只"蜗壳羊",在羊的背上长着一个螺旋形状的壳;还有一只"蟋蟀蝠",它自然是蟋蟀和蝙蝠的混合体。另外还有一只"黑猩猩斑马"、一只"天鹅袋鼠"、一只"青蛙鳄鱼"和一只"鳍足河马"。一开始我没找到那只带滚轮的猫,直到我在某个峡谷中发现藏身于此的它——周围还有一些类似的动物。

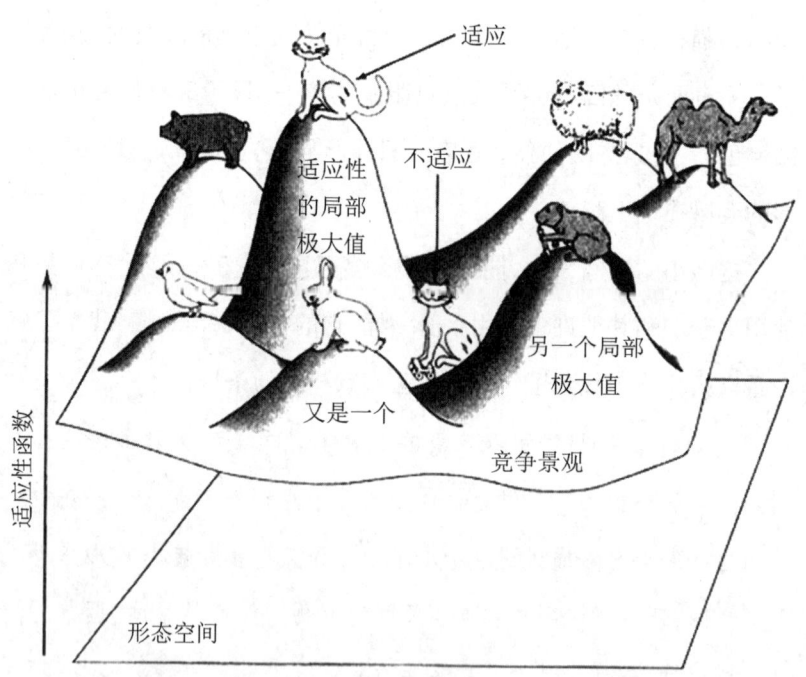

图 3.2 竞争景观
具有竞争优势和生存优势的物种占据山峰的高位,而位于峡谷的物种则不具有这些优势,会逐渐灭绝

实际上，我很快就发现，最为我们熟悉的生物似乎都占据着山峰的顶部，而那些奇特怪异的动物则居住在峡谷。当我的目光从峡谷移向山峰处，所见的生物也就逐渐变得更加熟悉。我发现，所有山峰上的动物都是我们的星球上实际存在的。然而，也有一些小山丘上似乎没有动物。

我翻阅了使用手册，立刻豁然开朗。

调节适应性：按动此按钮可调节物种适应性。它显示了在形态空间中任何给定生物的适应性度量，经过压缩并缩略表示为高度的一维量。因此，适应度被表示为此量在形态空间中的点。这会让形态空间在某个垂直方向上显示一个与适应性函数成比例的量。在数学上，这对应于显示适应性函数的图形。形态空间的默认平面变得弯曲，现在它代表竞争景观。

可选缩放功能：通过扭转鼻托上的旋钮，可以放大局部区域，使微观形态更清晰可见。

所以说，这就是为什么有些峡谷看上去空空如也的原因！我放大观察了其中的一些峡谷，发现了一条变形虫、一只水螅和一种沙门氏菌。

现在我知道了"进化万花筒"是什么。它是一种能够让达尔文式进化中的各种数学成分可视化的机器。虽然达尔文的理论是通过语言表达的，但它们可以被翻译成数学概念，从而使它们的结果在分析时能变得更容易、更清晰、更不容易产生歧义。当然，达尔

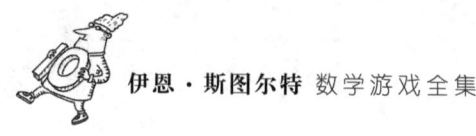

文进化论的任何数学模型都只是对事实的模拟——假设事实确实存在的话,当然这是与该主题中的一切其他假设一样具有争议的假设——但精确的数学公式可以帮助我们区分各种不同的诠释。它们还可以通过作为某些类型口头论证的反例,来揭示逻辑分析中的不一致性。数学更加精确,它让我们能够确定所做出的确切假设。

在进化万花筒构建的进化模型中,动物形态被表示为形态空间中的一个点。该空间不仅包含所有能够生存的形态,而且包含所有想象出来的形态。

还有一种衡量生存优势的方式,即适应性函数,能够竞争成功的生命形式正是那些适应度水平尽可能高的。物种对应于适应性函数的局部极大值——竞争景观或生态位中的山峰(见图3.3)。

这就有助于解释:为什么在一系列可能的形态中,物种的形态特征往往是不连续的。例如,老鼠都相对较小。你不会看到不同大小的类老鼠生物呈现出一个广泛的连续范围。形态空间是连续的,但每个局部极大山峰的周围都环绕着相对小的山丘。

这个模型也可以非常生动地描述趋同进化现象。趋同进化指的是基因不同的生物出现的形态相似的现象。例如,澳大利亚有袋动物和其他大陆的有胎盘哺乳动物之间存在着惊人的相似之处,如表3.1所示。

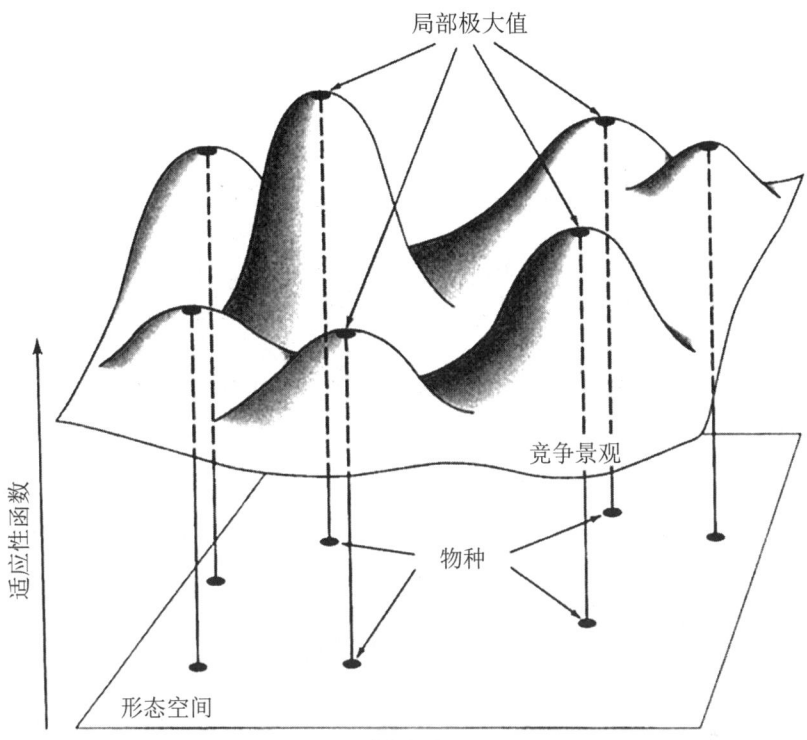

图 3.3

形态空间和竞争景观是连续的,但物种对应于其中的局部极大值,因此是离散的

表 3.1 有袋动物和有胎盘哺乳动物的趋同进化

有袋动物	有胎盘哺乳动物
袋狼	狼
袋鼯	鼯鼠
袋鼬	黄鼬
有袋鼹鼠	鼹鼠
袋食蚁兽	食蚁兽
毛鼻袋熊	土拨鼠

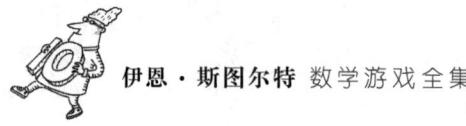

问 题

1. 你能否再举出两个趋同进化的例子?

我停止了对进化万花筒的调整,因为我不知道它会创造出什么生物特征或者什么类型的生物,我也不想让星球上出现变异的食人黄瓜,或者其他什么东西。在继续下去之前,我先彻底阅读了整本使用手册。

然后,我满意地确定了该装置只不过是地球生物演化场景的模拟,我所做的一切并不会影响真实的地球环境,这才放心地开始进行实验。我接下来的操作将直击达尔文论点的核心。

使用手册上有这么一个条目:

> 为了更准确地演示真实情况,请转动标有"随机变异"的旋钮。警告!如果将随机变异的级别调得过高,可能会导致混乱。请逐渐调整旋钮进行实验。

我小心翼翼地转动旋钮,我的猫也小幅地抖动着。然后,我的猫变成了虎斑猫,接着是暹罗猫,再然后是曼彻斯特短尾猫。我再稍微多转动一点儿旋钮,猫就变得模糊了。它在颤抖着。

我按下了"慢动作"按钮,以便更清晰地观察它。每隔几秒钟,我的猫就会微微地变化一下形态。随着形态的变化,它的位置也在竞争景观图中悄然改变。各种各样的猫聚集在小山丘上,它们在一个个令人眼花缭乱的"爪舞爪蹈"中变形并移动着。有时,一个大的变化会让猫从它所在的山丘漂移到很远处,但通常它会重新回到山丘的顶部。比如,曾经短暂地出现过长着大象耳朵的猫,但我发现它会顺着山坡滑下来。我的猜想是这样的:这种猫拖着大耳朵走路会非常费劲,这会严重减缓它的速度,而且老鼠会听到耳朵拍打的声音,就会知道猫正在向它们靠近。

这样的变异使得这种猫所占据的山峰变矮,于是这种变异并没有延续下去。很快,猫再次移动到山峰位置,自然选择淘汰了一些不太符合正统形态的猫,使它变回更为普通的猫的形态。

我继续转动"随机变异"旋钮。山峰不断变化,像风暴中的海浪一样,抖动、变换的各种猫充斥着整个丘陵。突然,一个满是猫的大团块滑下山坡,伴随着"扑通"一声停留在山谷里,然后有一只猫向附近曾经一直空荡荡的山丘飞奔而去(见图3.4)。我再次放慢了动画,并检查了这个新成员。真是太有趣了。这是世界上第一只飞猫!

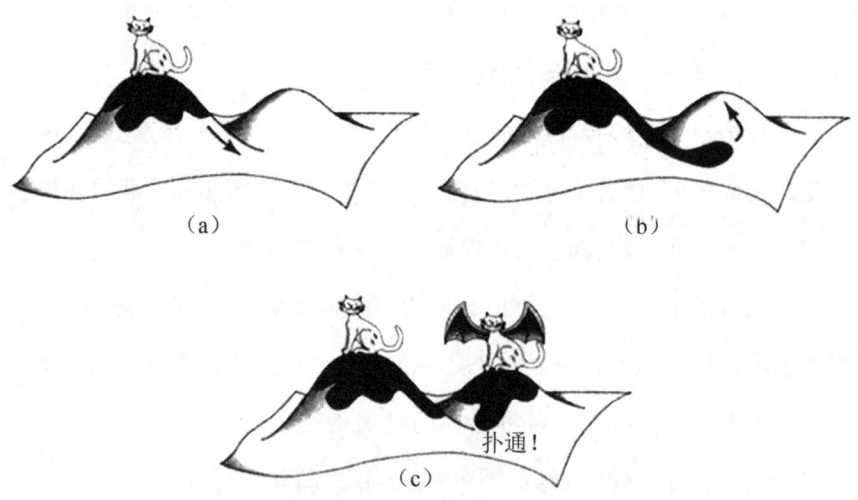

图3.4 随机变异对占据生态位的动物造成的影响
(a) 局限在生态位内的一组可能形态(深色斑点);(b) 随机变异使这组生物向附近未被占据的生态位伸出触角;(c) 这组生物的一部分分裂出来,形成一个新物种

瓷砖与缠结的数学

问　　题

2. 表面上看,一只拥有翅膀的飞猫似乎比没有翅膀的猫更有生存能力。然而,现实世界中并没有飞猫。这与达尔文的进化学说是否矛盾呢?请给出解释。

我意识到,我所目睹的正是一种新物种进化的过程。高频率的随机变异被压缩到短短几分钟内发生,演变出形式多样、适应生存的新生物种,这与大多数突变不同。

各种潜在的猫形态已经滑入一个新的生态位方向,也就是在竞争景观中又增加了一个新的小山丘,并且这个小山丘已经被猫占据。随机变异作为"噪音",将一部分猫物种从一个局部极大值推向另一个局部极大值!

这能解释化石记录中的突然变化吗?

并不能完全解释。

首先,像我所看到的这种类型的变异非常不寻常;这实际上是对达尔文理论的一种常见反驳。想要一步到位地创造一个真正的新物种,所需要的一整套形态变化序列非常罕见。我要么是运气好,要么就是把变异率调得太高了。

此外,当物种在化石记录中发生突变时,常常会同时出现几个新物种。你会看到进化树的分支不是分裂成两个,而是同时出现多个分支。达尔文意识到了这一点。事实上,在《物种起源》中只有一张图表,它说明了这个观点。如果新物种的进化是通过代表性生物随机地从一个生态位滑入另一个生态位而发生的,那么每次只应该产生一个新物种。

最后,通过这种机制,原始物种得以保留,即没有任何物种会灭绝。这种可能性并不大。当然,整个猫的群体可能会慢慢"跨界"到有翅膀的猫的生态位,但这似乎比只让其中一部分猫进入那个生态位更不可能。这种情况并不可信。

我想在数学模型中找到一种更为稳健的新物种进化方式。阅读完使用手册后,我很快找到了一条前途光明的研究路线。

环境变化:在现实世界中,生物的适应性取决于环境。例如,进化出长颈的生物能吃高树上的叶子,如果干旱使树高降低,它将失去竞争优势,适应性也会降低。

环境变化拨钮:这一拨钮可让用户尝试不同类型的环境变化,无论是在时间上还是在空间上。

建议在初次尝试改变环境时,将随机变异率设置为零或非常小的值。

好的,我明白了。让我们尝试时间变化。(空间变化也很有趣,但我会让您自己去尝试。)我轻轻按下了拨钮。

视野中的地形景观开始上下起伏,好像是动画电影中的暴风雨被放慢成慢动作一样。生物们不约而同地紧紧攀住并停留在它们所在的山丘顶上。尽管这些山丘隆起、缩小、上升、下降或侧向移动,但占据它们的物种仍然能够存活。这些物种能够迅速地对变化做出反应,以继续最大化其竞争力和生存能力。

我意识到我正在观察特定物种的内在稳定性:在一个缓慢变化的环境中,物种的形态即使会发生改变,这种改变也会很缓慢。这似乎是支持渐变论的证据……

但——那是什么?在我的眼角处,我看到了突然发生的剧烈变化。我继续注视着泛着涟漪的景象,然后它们发生了变化。一整个

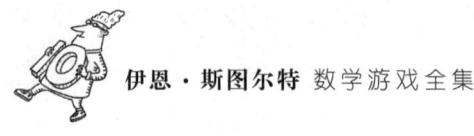

物种突然呼啸着冲上了附近的一个山丘,并在瞬间改变了形态,适应了新的生态位。

它们为什么要离开旧的生态位呢?说到这里,旧的生态位又在哪里呢?

我心想,大概是在电视上吧。现在应该是时候回放慢动作了,然后我就可以看到真相——等等,这里还有一个按钮?上面写着慢动作重播。好吧,我把它按了下去。

现在,事件的顺序很明显了(图3.5)。当一个环境生态位消失时,快速的变异就发生了。起初只有一个生态位:一座低矮且有生物栖息的小山丘。然后,在附近,一个之前毫无特色的地方开始形成一个没有生物栖息的新生态位。环境的变化为新物种的出现创造了可能性。但是新的生态位没有生物栖息,因为没有生物能够完成占据它所需的转变。新的生态位逐渐变大,很快就比旧的生态位更高了。它向旧生态位靠近。它们之间有一条逐渐变窄的通道,即地表的一个鞍状地带。鞍状地带升高并与旧生态位相遇,然后两者相互抵消,就像一个粒子撞击反粒子一样。只不过这次碰撞并没有释放能量,而是将生物从旧生态位的束缚中释放了出来。现在它们可以自由地提高自身的适应值,于是它们高速冲向新的小山丘,稍微拥挤了一番后,占据了山顶。但现在它们看起来不一样了:它们已经进化到适应新的生态位了。

它们进化得非常快!所以这一次看起来,似乎骤变论才是正确的。

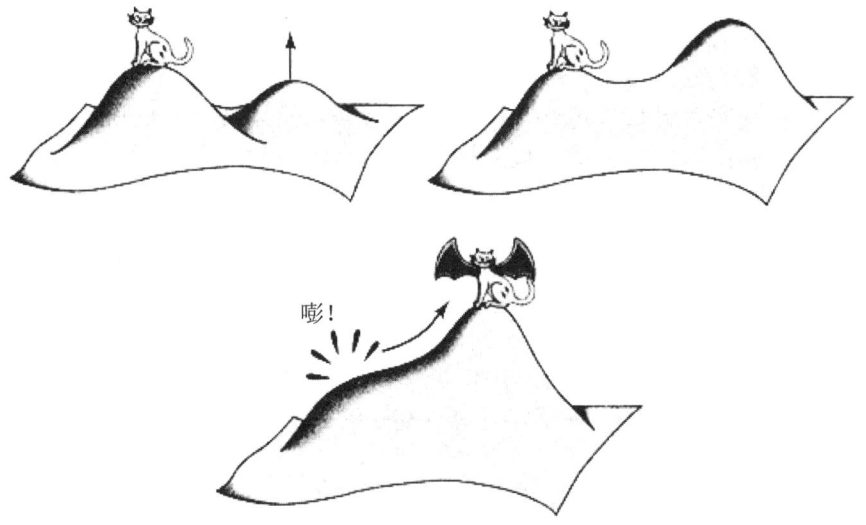

图3.5 一个新物种由于生态位的消失而发生骤变式进化

也许两者都是正确的!在我看来,似乎存在两种不同的现象。两种现象的共同原因是环境变异,但是发生在不同的情况下。如果变化是缓慢而连续的,那么环境适应区的形状或位置虽然会改变,但仍然是同一个适应区;而在快速、实际上呈间断性的变化中,一个环境适应区会与另一个碰撞并消失。

这个解释看起来更有谱了!亮点就是,无论是"骤变"还是"渐变",都可以用达尔文进化论的同一数学模型自然而然地推导得出。不仅如此,即使数学模型与实际演化不相符,它仍然证明了这两种变化类型可以共存,且这种共存并没有某种特殊原因。从逻辑上,没有必要将骤变论和渐变论视为相互冲突的理论。换句话说,或许骤变论学者和渐变论学者应该团结在一起,而不是针锋相对。

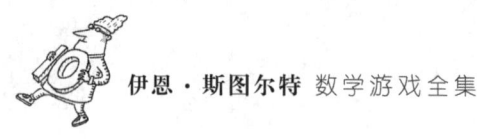

这本使用手册有一个脚注：

  汤姆（René Thom）、阿诺德（Vladimir Arnold）、马瑟（John Mather）等人提出了数学中的奇点理论，也被称为突变理论。这一理论表明，上面观察到的两种行为是典型的事情，也是唯一可能发生在这种数学模型中的典型事情。区别在于：缓慢的变化在大部分时间发生，而突然的变化（或灾变）只会在孤立的瞬间发生。然而，这恰恰就是化石证据里所记载的情况。齐曼追随多德森（Maurice Dodson）等人的研究成果，应用了突变理论来研究进化。

  有趣的是，在达尔文时代，那些最早支持进化过程中存在突然变化的人也被称为突变论者。

  然而，并非所有的疑问至此都已得到解决。根据突变理论，除了极其罕见的特殊情况外，模型中只可能发生的突然跃迁涉及某个旧物种的消失或新物种的诞生。这么一来，突变理论就不能用于解释达尔文观察到的同时创造多个物种的现象，这些物种都源自同一个先驱物种。

  过了一会儿，我突然想到自己关闭了随机变异功能。也许这会有所影响，虽然我看不出具体的影响是什么。

  于是我重新运行了实验，这一次我打开了随机变异功能。现在，占据每个生态位顶端的不再是某个单一生物形态，而是由一团相互关联又各不相同的生物形态组成，这些形态不断变化，偶尔会向下滑落，但总体上因为适者生存的机制被局限于山峰附近。第一次尝试并没有产生非常不同的结果。当这个生态位消失时,整个生物形态团块向着新的山丘蹿去,并最终落在与之前相同的位置上。

但我注意到,当团块沿着山坡上升时,它倾向于向两侧扩散。这种情况很好解释。想象一种生物的特定形态,在它周围存在许多关于该形态的随机变异构成的团块。现在将该团块放在一条斜坡上。

竞争景观图中,两侧斜坡的同一高度代表其形态具有相同的适应性水平。因此,它们适应环境的程度是相同的,能以相同的概率生存。处于山坡下部的生物形态相对没有那么适应环境,故生存能力较弱。反之,位于山坡上部的生物形态则更适合生存。因此,这个圆形团块从后方受到挤压,但可以向两侧扩散:它倾向于呈椭圆形,下边沿较为扁平。

假设一团可能的生物形态向上移动,但这个斜坡并不是靠近一个山丘,而是靠近多个山丘,会发生什么?此时,随着团块的扩散,它可以分裂成占据周围所有山丘的多个碎片。这导致了多次物种形成,就像达尔文观察到的那样。

对应的进化树如图 3.6(a)所示。但由于沉积物形成岩石的过程非常缓慢,时间尺度实际上被压缩了,于是我们在化石记录中看到的更像是图 3.6(b)——而这正是我们实际看到的。一切都很吻合!

因此,当我们将达尔文理论的两个基本要素——随机变异和适者生存结合起来时,最简单、最自然的数学模型应当具有以下所有特征:

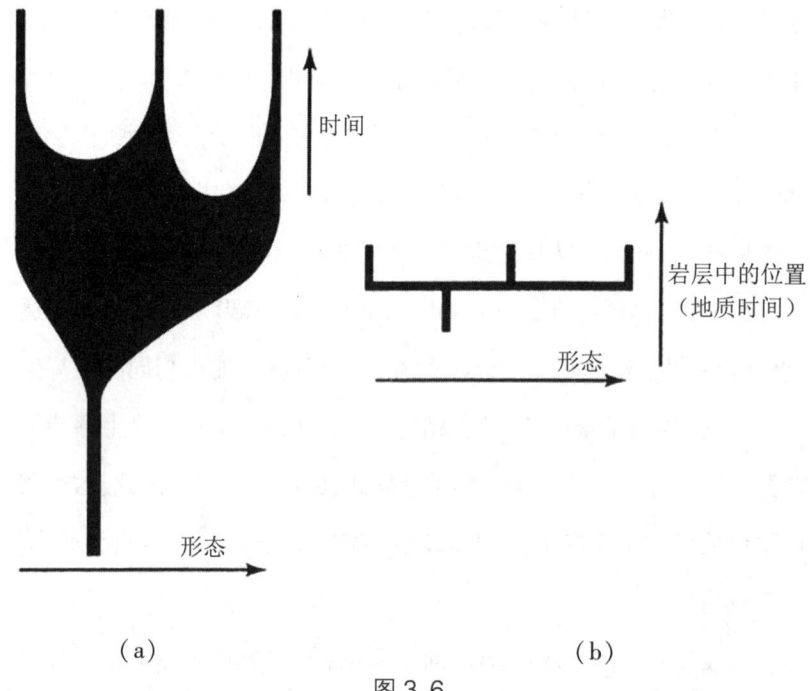

(a)   (b)

图 3.6

(a) 对应于多分叉的进化树;(b) 在化石记录中,同一棵树看起来被高度压缩,并显示出明显的间断,请与图(a)进行比较

① 大多数情况下,物种缓慢变化或根本不变化;

② 在缓慢变化的过程中,不会产生新的物种;

③ 在偶然的情况下,物种可能会迅速变化;

④ 当突然发生灾难性变化时,多个物种通常会同时进化。

值得注意的是,突变并不是把缓慢变化的过程简单加速。在性质上,它们是完全不同的。

从数学角度来看,快速的变化涉及某些生态位的突然消失,而缓慢的变化仅涉及某个生态位的连续改变。此外,即使是速度加快的

"渐变"也无法产生新物种,只有灾难性的突变才能做到这一点。所有这些都与我们在化石记录中看到的足够接近,以至于真的很难确定渐变论和骤变论是不是真正冲突。

也许它们只是同一理论的两个不同方面!渐变论不对,骤变论也不对——两者相结合,才是正确的。

当然,这只是最简单的模型。除了突变理论之外,还有许多将达尔文的假设转化为数学问题的方法。不过,更复杂、更逼真的模型或许会与化石记录更加吻合,同时,这些模型仍然可以将缓慢变化和快速变化融合于一个一致的理论中。的确,刚刚概述的这个简单想法取得的相对成功强烈表明,情况就是这样。这种组合是数学原理的自然结果,而不是一个令人费解的现象。

使用手册的末尾是一则警告声明:

> 警告!进化万花筒 I 号是一个原型机。更先进的型号将提供复杂的多元度量来衡量适应性,而不是一维数字度量。个体生物之间的竞争会影响环境,以此来模拟这样一种可能性,即竞争者的变化可能会改变竞争法则。

这一点十分重要!想象一下,如果真的进化出了一只长有翅膀的猫,那么就会对鸟类的竞争景观产生巨大影响!

> 我们将更加关注基因型(生物的遗传物质)和表现型(生物的形态)之间的区别。自然选择作用于表现型,但随机变异作用于基因型。因此,这个模型必须通过生殖过程来考虑这些因素之间的相互作用……

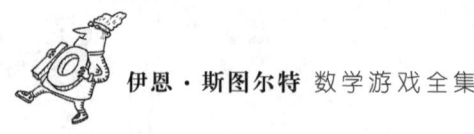

我的脑袋里充斥着一团团在起伏的地形中游动着的鳍足河马。我试图把进化万花筒从我的头上取下来——但是那里什么也没有。

一切都只是我的一个梦。但是梦和数学都可以锻炼想象力。我意识到,进化万花筒——或者说一个高度先进版本的它,也许是它的XXVI型号——确实存在,而且已经存在了40亿年左右。但它是一个隐性的机制,它在数百万年的时间里运作,我们只能看到它的效果。

你想看真正的进化万花筒吗?

你就活在其中。

答　案

1. 例如，海豚有鱼形的外观，蝙蝠有类似鸟类的翅膀等。

2. 这里有3个答案都能解释这个问题。

（1）一只有翅膀的飞猫可能并不比没有翅膀的猫更能适应环境。虽然翅膀能够帮助猫抓鸟并逃跑，但是在猫爬树和追逐老鼠时又会妨碍它，并增加额外的重量。

（2）能让猫飞起来所需的基因突变尚未产生，这是进化的偶然性正在发挥作用。

（3）物理学和化学对物种的进化有一些制约。某种属性不会仅仅因为它可能有用，就出现在某个物种中，此外还需要有可行的遗传发育路线。

第 4 章
心智的齿轮

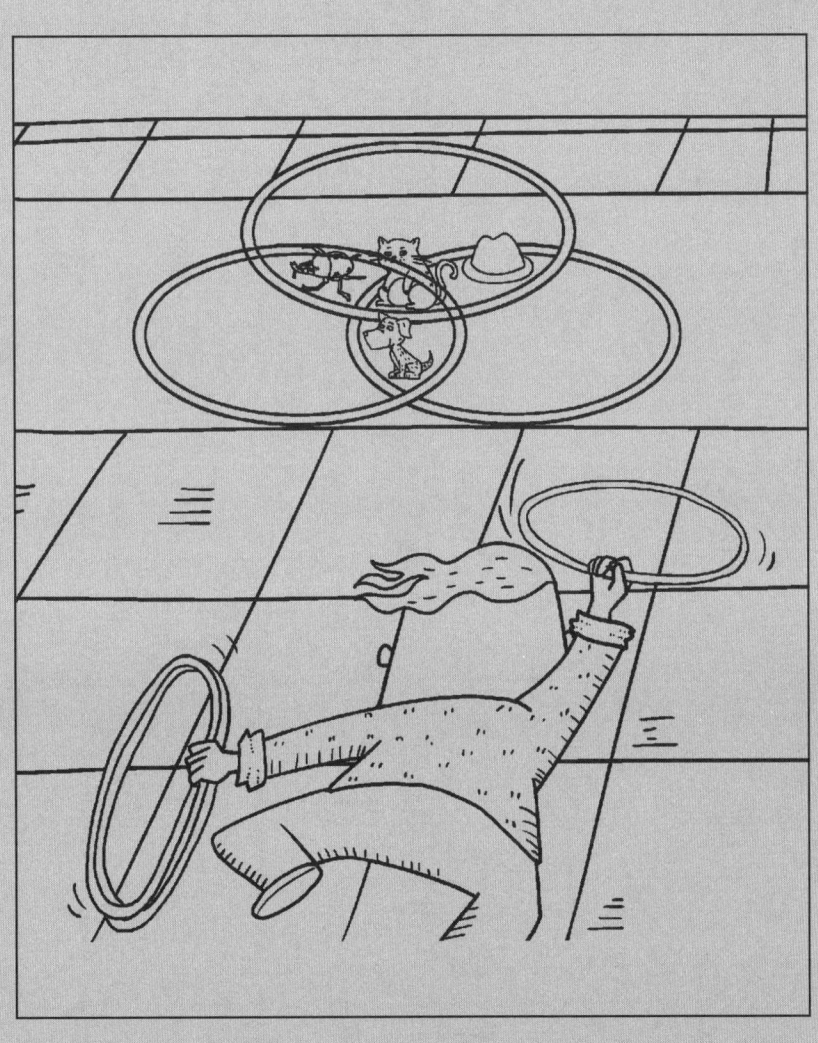

瓷砖与缠结的数学

这里是英国历史悠久的大学城剑桥。春天里，河边的草坪上，黄水仙在绿色的画布上涂抹出大片大片的金黄色。我走过木桥，据传这座桥是牛顿（Isaac Newton）设计的。整座木桥没有使用一枚钉子。有一次，这个结构被拆了下来。但在重新安装时，没有人知道怎么将其完全复原，最后不得不敲钉子进去。牛顿当年的奇思妙想，如今再也无法复现。这不是第一次，或许也不是最后一次。

这座城市充满着数学传统。牛顿就曾在剑桥大学三一学院就读。在邻近的圣约翰学院，亚当斯（John Couch Adams）于1845年进行了计算，预测出当时未知的行星——海王星的存在及其位置。同时，法国天文学家勒维耶（U. J. J. Leverrier）也独立得出了类似的结论。法国人更快将他们的望远镜对准了这个理论学家告诉他们的位置，因此这一发现的荣誉也就归属于勒维耶了。要是当年英国皇家天文学家艾里爵士（Sir George Airy）能够意识到抢夺优先权的紧迫性，就会给亚当斯优先发表了。

也是在剑桥，自学成才的印度天才拉马努金（Srinivasa Ramanujan）首次结识了欧洲的数学家们。计算机之父之一的图灵

(Alan Turing)曾经是国王学院的研究员。康威是数学游戏先驱之一,在发明了"生命游戏"后声名大噪。他之前在剑桥大学,后来跳槽到普林斯顿大学。他是康威单群 Co_1 的发明者,该群的阶数为 $2^{21}\times 3^9\times 5^4\times 7^2\times 11\times 13\times 23$,与24维空间紧密相关,不过他自己最感自豪的成就是他可以把舌头立起来。

历史上有两位曾担任剑桥大学冈维尔与凯斯学院院长的数学家,他们是维恩(John Venn)和费希尔爵士(Sir Ronald Fisher)。费希尔爵士是著名的统计学家,在1956年到1959年任院长。维恩是逻辑学家,他曾发明了维恩图,并在1903年到1923年担任院长。剑桥大学在凯斯学院礼堂新装了一扇彩色玻璃窗,以纪念这两位伟大的人物。我在拜访剑桥时,曾有幸得见这扇窗户的全貌。更确切地说,这扇窗户分为一上一下的两块。其中,黄色、蓝色和紫色的三个重叠的圆盘代表维恩,另一个7×7的多彩棋盘则代表费希尔。

参观这扇纪念窗不过是个幌子,实际上我是来拜访一位老朋友卢克雷西娅·博尔赫斯(Lucretia Borges)的,她和维恩一样是一个数理逻辑学家,同样居住在凯斯学院的围墙内。

我们坐在众人中间的高桌旁,享用橙汁酱烤野禽,就着红酒畅饮畅谈。每个人可以带两位家属,于是卢克雷西娅的丈夫朱尔斯(Jules Borges)便加入了我们。朱尔斯是一位非常友善且健谈的哲学家。

他兴致勃勃地就库萨的尼古拉斯(Nicholas of Cusa)作品中视觉意象的应用进行了长篇论述:"……这会让你感兴趣,伊恩,因为你是位数学家,对吧?你知道,尼古拉斯非常非常喜欢数学符号主义。我

的意思是,他把圆作为一种意象来代表,嗯……上帝。你看,当圆变大时,它的曲率也就是它的弯曲程度会变小……这说明了神性的矛盾方面如何在无穷中达成一致。你瞧,一个无穷大的圆是一条直线,但人类必须永远满足于对上帝无限特性的近似理解。"

"真是有趣,朱尔斯,"我说,"好的,请给我来一份加了朗姆酱的焦糖菠萝……"

他继续说道:"每个时代似乎都有自己的视觉图标,像是某种原始意象,或是一些基本图案形式,你知道的,就像'柏拉图(Plato)的洞穴'以及诸如此类的东西……具有普遍意义的象征符号。"

"就像芒德布罗集,"卢克雷西娅说,"一个分形图案。20世纪末混沌的视觉图标。"

"哦!完全正确!没错!而上面彩色玻璃窗里的那两个图,也是图标。它们的象征根深蒂固地渗透到人类的共同潜意识中,所以——"

"朱尔斯,"我说,"如果这些符号是普适的,那么尼古拉斯用圆作为上帝的符号,就必然意味着维恩图是三位上帝的象征。"

"圣三位一体,"他轻轻挥手说,"你看,这是3个相互连接的圆环。实际上,这更能象征三一学院……"

"嗯,但是,朱尔斯,你知道,维恩发明这个符号并不是因为这个,"卢克雷西娅说,"我不认为他当时考虑过圣三一教义。"

"那么,他的这3个圆环实际上代表什么呢?"

"集合。"卢克雷西娅断然回答道。

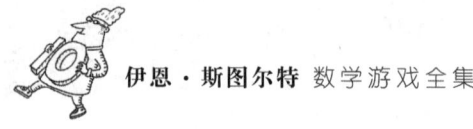

"让我来解释吧,"我说,"卢克雷西娅对数理逻辑知识了解太多,她会把它讲得过于复杂,我敢打赌她马上就要讲到前束范式了。朱尔斯,以下物品有什么共同点?黑猫、甲虫、绒毛帽、黑伞、白狗、变色龙、金色假发和沙滩球。"

"让我想想……你可以在哈罗德商场买到它们全部!不对,我撤回刚才那句话,我不认为哈罗德商场会卖甲虫,现在肯定不流行买甲虫。我知道了!你不能用它们中的任何一个去加那利群岛旅行!"

"接近了,"我说,"我想你或许可以尝试搭乘一只经过的甲虫。可惜还是不对。再试一次。"

"我放弃。"

"它们的共同之处在于:它们完全没有共同之处。"我说道。我能感觉到,我这个清晰明了的解释并没有切中要害。"让我解释得清楚些,"我小心翼翼地说,"我列出的这 8 项——数字 8 在这里意义重大,你很快就会明白……"

"哦,妙极了!"朱尔斯叫道,"我就喜欢数字蕴含的意义!我是说,在柏拉图的《理想国》中,数字 729 象征着国王与暴君之间的差别……"

"这 8 样物品体现了所有可能的 3 个属性组合:是不是黑色的、是不是有生命的和是不是毛茸茸的。"我告诉他。

"哦,天哪,我应该想到的。"他说。

"例如,这只猫是黑色的、有生命的、毛茸茸的。这只甲虫是黑色的、有生命的,但不是毛茸茸的。这顶金色假发不是黑色的,不是有生命的,但却是毛茸茸的。沙滩球不是黑色的、不是有生命的、也完全不是毛茸茸的。事实上,"我继续说道,"对这里的 3 个属性:是不是黑色的、是不是有生命的和是不是毛茸茸的,我可以根据其中任意一个属性,将这 8 样物品一分为二:其中 4 样具有某一属性,而另 4 样则不具有这一属性。例如,黑猫、绒毛帽、白狗和金色假发都是毛茸茸的,但其他物品则不是。我可以画一个圆圈,将具有相同属性的物品放进这个圆圈里(见图 4.1)。或者,就像维恩的天才之举一样,我可以同时画 3 个圆圈,分别代表 3 个属性,从而显示所有可能的 3 个属性的组合(见图 4.2)。"

卢克雷西娅看着我画出的图,说:"太棒了!"

"我不太明白这与上帝有什么关系。"朱尔斯说。

"没有关系。"

"除非你正在思考上帝造物的类别,"他不屈不挠地继续说道,"我是说,像黑色的、有生命的和毛茸茸的生物,他创造了它们,他看到它——应该说,它们——是美好的。"

"这些圆圈只是视觉标记,"我指出,"用于将具有相同属性的对象分组。"

"你确定吗?"

"确定。"

"啊。逻辑实证主义……但维恩不应该用圆,你知道吗?他没选对图标。太容易混淆了,让人们都想到上帝了,非常误导人。"

"好的,亲爱的,"卢克雷西娅有点无奈地说道,"伊恩,从现在开

图 4.1 根据属性将物品分类

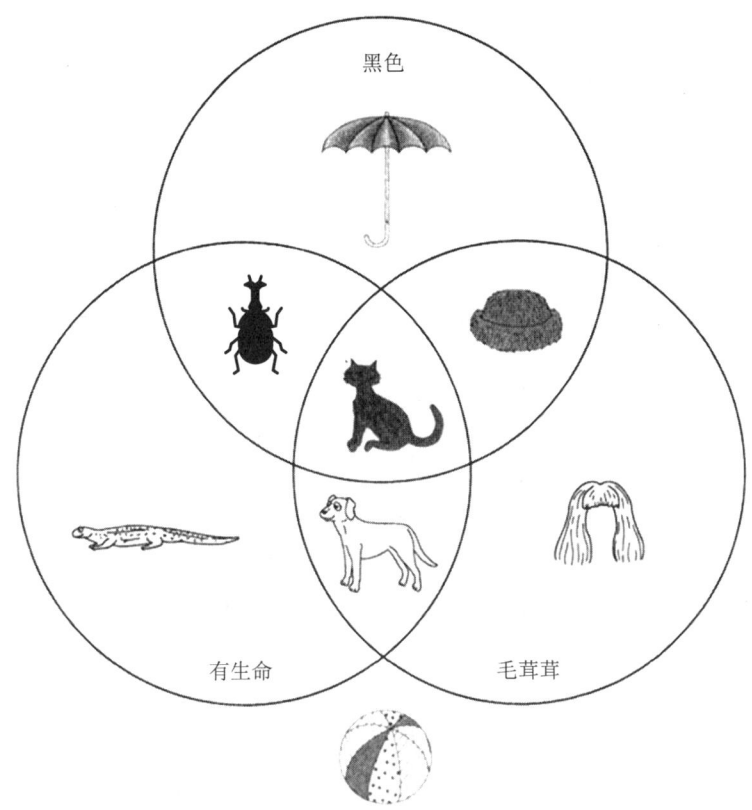

图 4.2 一个维恩图可以同时表示所有属性的状态

始把它们画得歪歪扭扭一些,好吗?"

"它们已经够歪歪扭扭了,卢克雷西娅。那是红葡萄酒的效果。"

"那么 3 个重叠的圆有什么玄妙之处呢?"朱尔斯问道。

"嗯,构想是将 3 个属性的不同组合用图内的不同区域来表示。"卢克雷西娅说道。

"例如,想想德·摩根定律。"她迅速地在餐巾纸上涂写:

$$\neg\,(p \wedge q) = (\neg\, p) \vee (\neg\, q)$$

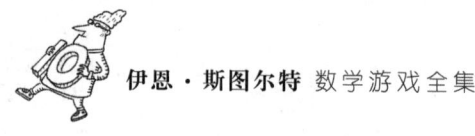

"如果你不介意的话,我宁愿不想。"朱尔斯说。

"这里的 p 和 q 是逻辑命题,"卢克雷西娅热心地解释道,"符号'¬'表示'非',所以'¬p'就表示'非p'。"

"p 或者非 p,"我喃喃自语地说道,"这是个问题。"

"伊恩,你说了什么吗?"

"我什么也没说,卢克雷西娅。"

"好的。符号'∧'表示'与',符号'∨'表示'或'。德·摩根定律是指'非(p 与 q)'和'(非 p)或(非 q)'是相同的。"

"卢克雷西娅,你能再说一遍吗?"

"她把它解释得太复杂了,就像我说过的一样!"我说,"朱尔斯,假设 p 是'黑色的',q 是'毛茸茸的'。那么,由德·摩根定律就可以推出,任何不是'黑色和毛茸茸'的东西必定要么不是黑色的,要么不是毛茸茸的。"

他默默地消化着这句话。

"这显而易见!"朱尔斯最终说道,"不是吗?"他迟疑地补充道。

"嗯,"我说,"你可能会以为,任何不是'黑色和毛茸茸'的东西都必须既不是黑色也不是毛茸茸的。"

"也就是说——"卢克雷西娅又写了一个式子:

$$\neg(p \wedge q) = (\neg p) \wedge (\neg q)$$

朱尔斯说:"这太傻了。我的意思是,金色假发不是'黑色和毛茸茸'的,但它也并非'既不是黑色也不是毛茸茸的',对吧?你知道的,假发是毛茸茸的,不是无毛。但金色不是黑色,所以它不能是

'黑色和毛茸茸的'……我说得不太清楚,对吧?"

"你说得很好,"我说,"你刚刚说的可以在维恩图上表示出来[见图4.3(a)和4.3(b)]。金色假发确实位于'非黑色'且'毛茸茸'的区域,而不是位于'非黑色'且'无毛'的区域。这两个区域是不同的,这意味着对应的属性组合在逻辑上并不等价。"

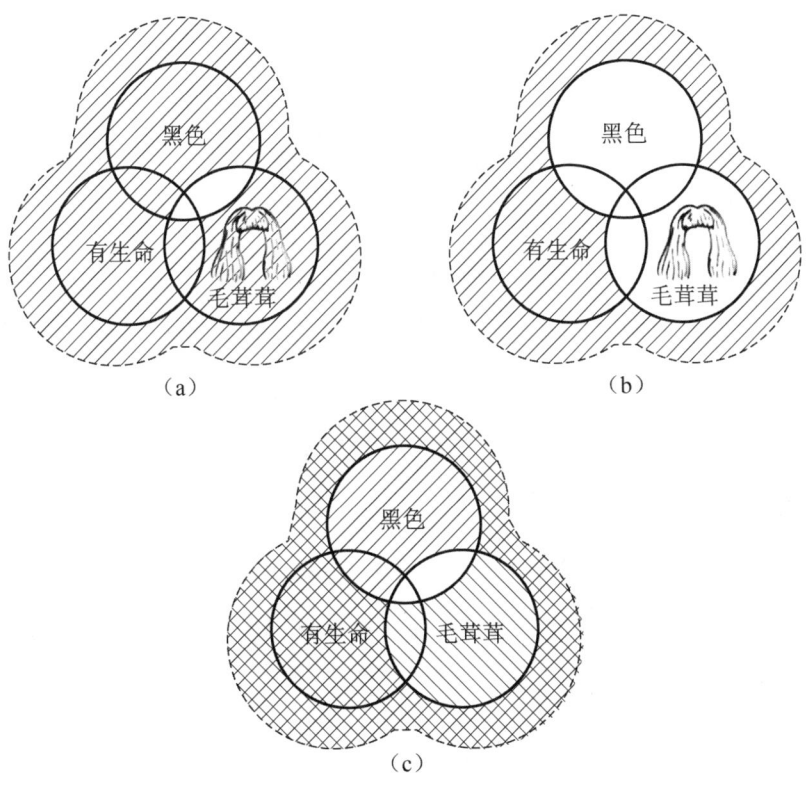

图 4.3
(a) 斜线表示"非'黑色且毛茸茸'"的区域;(b) 斜线表示"'非黑色'且'无毛'"的区域,例如它不包含假发;(c) 两个方向的斜线分别表示"非黑色"及"无毛"的区域,斜线组合与图(a)所对应的区域是完全一致的,这就给出了德·摩根定律的可视化证明

"但是另一方面,"卢克雷西娅说,"'非黑色'及'无毛'的区域恰好与非'黑色且毛茸茸'的区域相同[见图4.3(c)]。这说明,你可以使用维恩图来证明逻辑等价,例如德·摩根定律。"

朱尔斯深吸了一口气道:"你的意思是,这与圣三位一体毫不相关?"

"不相关,亲爱的。还记得它们是歪歪扭扭的圆形吗?"

"哦,对的。太棒了。"

"现在,假设我们感兴趣的不是3个,而是4个属性,"卢克雷西娅接着说,"黑色、有生命、毛茸茸,以及——呃——音调优美。"

"什么?"朱尔斯和我异口同声地问道。

"一把黑伞,它是黑色、无生命、无毛,也并非音调优美的。然而,单簧管是黑色、无生命、无毛,但却音调优美的。"

"那有什么东西是黑色、有生命、毛茸茸,而且音调优美的?"朱尔斯问道。

这个大象的答案可真是个听一次笑一次的经典笑话①。我们笑完之后,卢克雷西娅重拾思路:"你需要什么样的图来表示所有可能的4个属性的组合?"

"4个圆圈。"朱尔斯立刻说道。

"不行,"卢克雷西娅说,"4种属性会产生16种可能的属性组

---

① 这是一个老笑话。有人问了上述问题,另一个人猜了很多动物都不对,最后答案是"大象,因为这只大象在唱重金属摇滚,把自己染黑了还戴了个毛茸茸的假发。"——译者注

合,但4个圆圈只能表示14个区域。比如任何黑色、无生命、毛茸茸且没有音调的东西都没有对应的区域[见图4.4(a)]。"

"比如那个绒毛帽。"朱尔斯说。

"维恩知道正确答案,"卢克雷西娅说,"他使用了4个椭圆[见图4.4(b)]。"

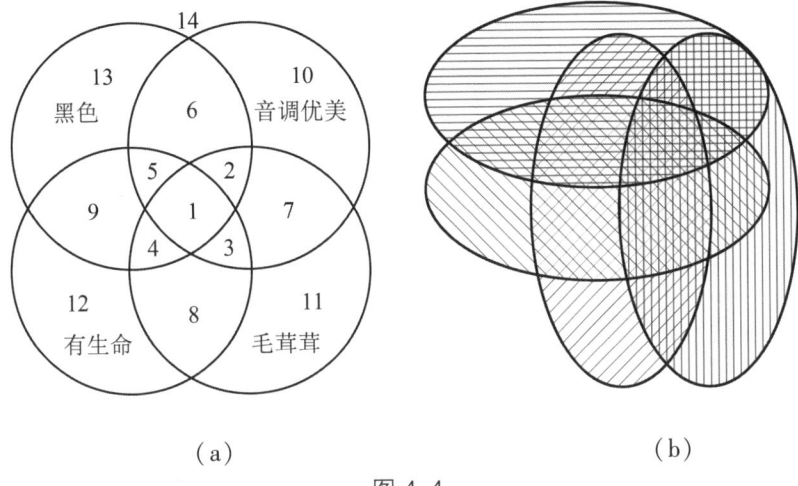

图 4.4

(a) 4个圆只能表示14个区域,但是有16种可能的4个属性组合,这里缺少的组合是"黑色、无生命、毛茸茸、没有音调的"和"非黑色、有生命、无毛、音调优美的"。因此,4个圆无法提供适当的4个属性的维恩图;(b) 正如维恩所指出的那样,4个椭圆可以胜任

"我早就告诉过你使用圆形是愚蠢的,"朱尔斯说,"可以想象,这很容易与上帝混淆。我想知道椭圆在尼古拉斯的——"

"你不是唯一提出批评意见的人,"卢克雷西娅说,"卡罗尔(Lewis Carroll)就有他自己的维恩图版本。1896年,他说道:

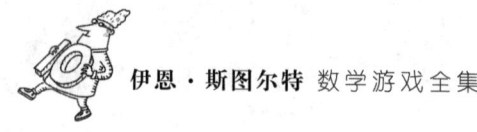

我的图示方法与维恩先生的方法相似,即将不同的类别分配到独立的区域中,并标注这些区域是被占用还是为空。但我的方法与他的方法存在不同之处,即我分配给论域的是一个封闭的区域,这样在维恩先生的宽松规则下一直在无限空间中随意活动的类别,会突然发现自己像任何其他类别一样,被限制在有限的单元中。

卡罗尔建议使用长方形来绘制不同类型的图。"

瓷砖与缠结的数学

问　题

请画出能够分别组成 3 个和 4 个属性的有效维恩图的长方形表示方式。

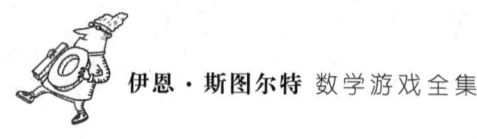

朱尔斯问:"对于每个可能的集合数量,是否都存在相应的维恩图呢?"

"亲爱的,太棒了,你这话问得很像一位真正的数学家了!"卢克雷西娅赞道,"维恩本人也卡在了5个集合上。也就是说,他从未找到一个真正令人满意的答案。1880年,他想出了一个适合5个集合的图,但有一些区域分成了几个不连通的部分。1881年,他找到了一种通过环形结构将第5个集合纳入其中的方法,即在圆形中央凿一个洞。然而,他对这个方法也并不完全满意。他认为'解决方案应该只使用对称图形,这些图形不仅应该对推理有所帮助,而且本身也应该非常优雅。'另一方面,他也认为'想要无限制地执行这个方案不存在理论上的困难。'"

"我看得出来,"我说,"你只需要让每个新的集合都将'触角'伸进所有之前的区域。但是这些集合很快就会变得相当不规则和扭曲。"

"维恩也知道这一点,"卢克雷西娅说道,"他说'使用这种方法一连画出4条或5条轮廓线之后,最终轮廓会开始呈现出类似梳子的形状。'"

"是的!"

"接下来发生的故事非常奇妙,"卢克雷西娅说道,"我向你保证,它绝对是真实的。"

"当学院决定安装一扇彩色玻璃窗以纪念费希尔和维恩时,邀请了数学生物学家爱德华兹(Anthony Edwards)博士来完成设计。在他进行设计的时候,他偶然间找到了一个奇妙的方法,解决了有关'如何为任意大的 n 找到一个 n 元素维恩图'的有趣问题。正如维恩所描述的,他的图形(图 4.5)是有齿的,但更像齿轮而不是梳子。"

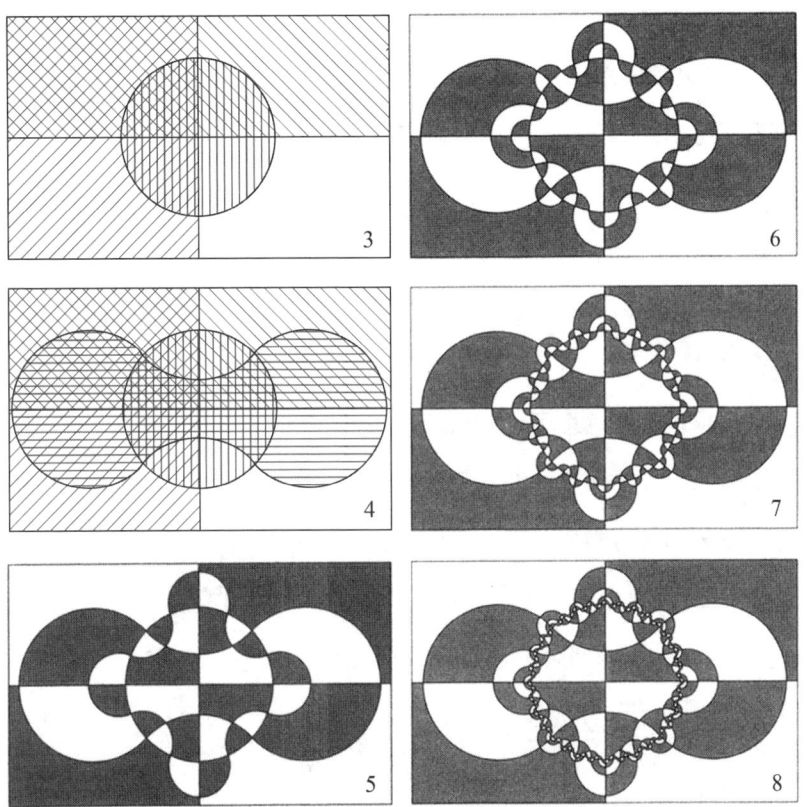

图 4.5 爱德华兹-维恩图,可以推广到任意数量的集合

"心智的齿轮,"朱尔斯说,"那将是一个了不起的书名。"

"他由此解决了一个超过一个世纪未得到解答的问题。"卢克雷西娅总结道。

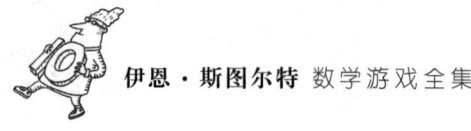

"天啊!"朱尔斯说。

"这是一项难度很高,但非常容易被低估的发现,"我说,"它不像庞加莱猜想或黎曼猜想那样著名。"

"那些都很著名吗?"朱尔斯问道。

"对数学家来说是。维恩图已不再是数学研究的主流。但是,无论重要与否,他们解决了一个确实需要耗费大量脑细胞的问题——而且答案既简单又优雅,体现了数学的精髓。我认为这个答案非常巧妙,会让你越来越喜欢它。"

"而且它并没有脱离主流数学,"卢克雷西娅说道,"它与组合数学有关。"

这越来越有意思了。我说道:"不仅如此!与时代潮流相符,这个图是一个分形图案。我的意思是,关于无穷多个集合的图像在所有尺度上都具有类似结构,并且是由一个递归过程来定义的。于是,爱德华兹-维恩图就成了当代视觉图标的典范。"

"我想我们该回家了,"卢克雷西娅突然说,"伊恩说话越来越像你了,朱尔斯。"

答　案

图 4.6 显示了卡罗尔的两种维恩图。

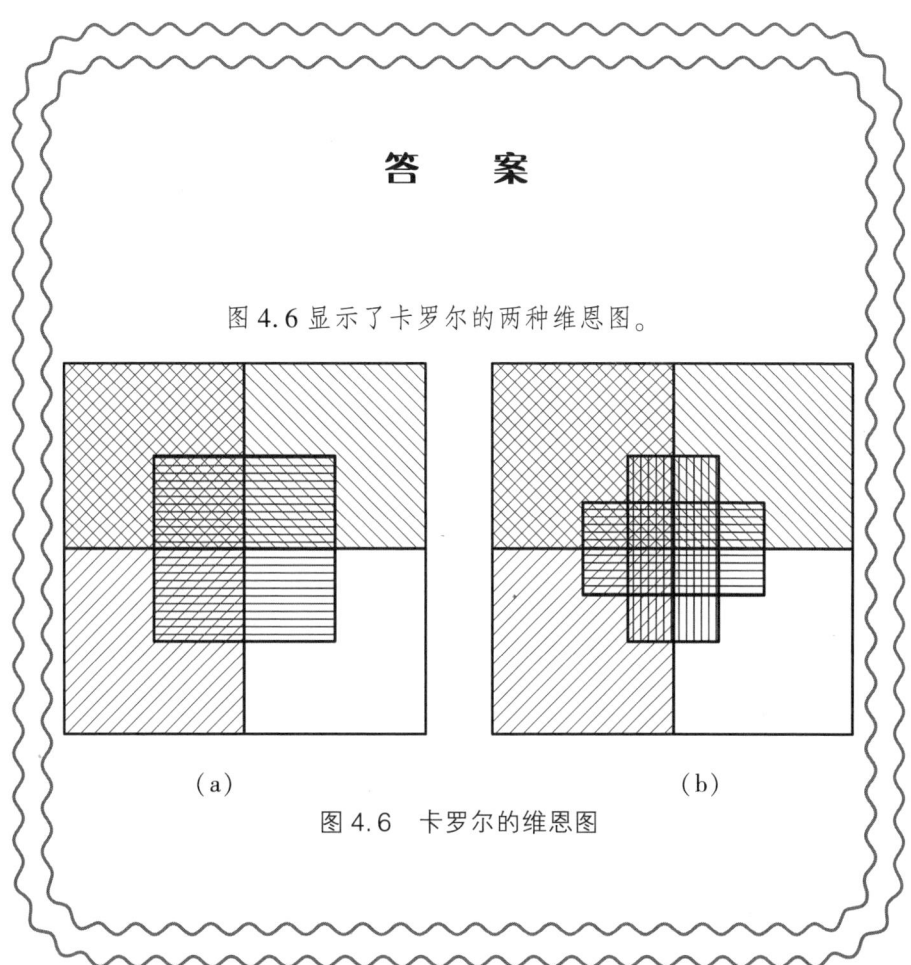

图 4.6　卡罗尔的维恩图

第 5 章
果园里的山羊

"**巴**尼!"

农夫奎恩一点都不开心。"巴尼,你又把那些该死的山羊放到果园里去了!"

"是啊,奎恩,现在是它们吃草的时间。"

奎恩叹了口气。"等到苹果采摘结束后再让它们进去吃草,巴尼!今年干旱,苹果采摘得有点晚。"刚刚过去的这个夏天,韦福克郡太干燥了。"你看看它们在做什么,巴尼!这些该死的山羊用头撞树,把苹果晃下来,然后吃掉了它们!你现在就去把它们都赶走!"

他把帽子扔到地上,重重踩了几下以泄心中怒火。然后他在果园里走了一圈,数了数遭受羊啃之灾的苹果树数量:总共有314棵。他靠在门栏上咀嚼着稻草,陷入了沉思。

最终他做出了决定:"嗯,正如老祖父赫伯特所说,不妨充分利用一下这个机会。巴尼!把那些苹果已经掉了的苹果树围起来,让山羊在围栏里吃草。但你一定要确保把那些可恶的山羊与其他苹果树隔离开!"

下午三四点钟,巴尼回来了,他全身湿漉漉的,满头大汗。"搞定

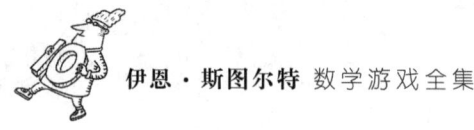

了,奎恩。真的很辛苦,我在199棵树上都钉了篱笆!我一边修,一边数数的。我现在就去放羊。"

"好的。但是一定要保证不让它们把果园里的东西啃光了。"

"嗯?"

"瞧,巴尼,这很简单。果树是按正方形格点种植的,对吧?"

"是的,奎恩。"

"很好。现在每只山羊刚好可以吃掉其中一个单位方格内的草。明白吗?一个单位方格,放进去一只山羊。"

"没错!"

"所以你只需要数一下你的围栏围起来的方格的数量,那就是你可以放进去的山羊的数量。"

"是这样,不过……?"

"不过什么,巴尼?"奎恩恼怒地说。

"奎恩,我的围栏不完全是由正方形组成的。我修了一些斜线。"

"那就以一个方格的面积为单位算出它的总面积。"

"哎,我不知道怎么算,奎恩。"

"啊,你这个榆木疙瘩脑袋,巴尼。傻瓜都能算出它的面积!"

"奎恩,那个围栏的形状怪怪的(见图5.1)。"

奎恩过去看了一下。又骂骂咧咧一番后,他带着巴尼回到农舍,接着打电话给附近城镇的土地测量员斯塔夫。

"这可真是一个有意思的问题。"斯塔夫说。

"我可以为您绘制一份土地平面图,然后通过三角测量计算出

图 5.1 有多少只山羊可以在果园里修建的围栏内吃草?

面积……"

"好啊!"

"……不过您需要按照标准支付费用。"

"费用?什么费用?"

"地图 1000 英镑,测量再加 1000 英镑。"

"2000 英镑?赫伯特祖父知道了会从坟墓里跳出来,不过他还没死呢。但要是真听到这样的话,说不定会要了他的命。我从没听

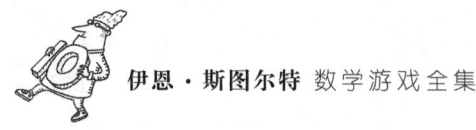

说过这么荒谬的事情!"

"好吧,还有一种更便宜的方法。这是测量员常用的一招。你看,你把果树种在了我们数学专业人士称之为晶格的地方。"

"不,它们是苹果,不是莴苣①!"

斯塔夫立刻澄清道:"晶格是一个正方形的点阵,奎恩。"

"啊,那你为什么不一开始就说呢?"

"我想我一开始就是这么说的,但无所谓。你告诉我已经在树与树之间修了围栏,形成了一种格点多边形。而且你也告诉我有314棵树在多边形的边界上或其内部。其中有199棵树在边界上,因为巴尼把篱笆钉在了那么多棵树上。那么围栏内部就有115棵树。"

"是这样没错。但我不知道你说这个有什么用。"

"哦,这是有用的!有一个非常了不起的公式,叫皮克定理。它是由皮克(G. Pick)在1899年发现的,它可以帮助你计算一个格点多边形的面积。你需要知道的就是这个图形内部及边界上的点数——对你来说是树的数量。这个工具非常简单易用……费用仅为50英镑。"

"哦啊。50。还好不算贵,大概吧……"他停顿了一会儿,说,"继续说吧。"

"有一个小问题。我记不起来这个公式了。"斯塔夫说。

"测量员,你说得头头是道,但实际没有用啊。"

---

① 晶格(lattice)与莴苣(lettuce)在英语中发音相似。——译者注

"别那么着急,奎恩!知道'存在这样一个公式'本身不就足够有用了吗?"

"只是知道'存在这样一个公式'能有什么狗屁用处!"

"那是不同的,只要知道公式的存在,我们就总能够推导出来。而计算面积则将让我们回到那 2000 英镑的酬金所代表的业务领域。"

"那好吧,斯塔夫,你接着说。但是我要提醒你,我们农民不太擅长代数、几何之类的东西。说到羊,我们在养羊方面真的很擅长。"

"奎恩,在数学中,糊涂的思维方式是非常危险的。我认为在这种情况下,代数会比羊更管用。"

"那是怎么样的?"

"我们先考虑特殊情况。我将用 A 表示多边形的面积,用 B 表示边界点的数量,用 I 表示内部点的数量。我会先研究一些简单情况。例如,对于一个 1×1 的正方形,$A=1, B=4$,而 $I=0$。同样,对于一个 1×2 的长方形,$A=2, B=6, I=0$;对于一个 1×3 的长方形,$A=3, B=8, I=0$;以此类推[如图 5.2(a)所示]。我们可以制作一个小表格。"

"好的!我去找一把锯子[1]。"

"不,我的意思是——看,像这样(见表 5.1)。"

---

[1] "表格"的英文 table 同时也有"桌子"的意思,农夫奎恩以为测量员是想要让他做一张桌子,所以才这么说。——译者注

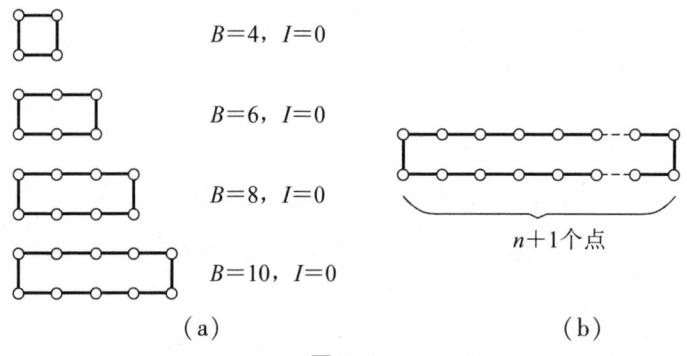

图 5.2

(a) $n=1,2,3,4$ 的 $1×n$ 长方形;(b) 普通的 $1×n$ 长方形

表 5.1　$n=1,2,3,4$ 的 $1×n$ 长方形的各项数值

大小	A	B	I
1×1	1	4	0
1×2	2	6	0
1×3	3	8	0
1×4	4	10	0

"哦,啊。"

"那么——你能从这些数字中看出什么规律吗?"

"嗯。I 列都是零。"

"我同意 I 列总是零,奎恩,但那并不是我想要的那种规律,实际上它让我有些担心,因为它表明我选择的多边形可能不够通用。然而,我能看出其中的某种模式。B 的值几乎是 A 的两倍。事实上,在每种情况下,我们都有

$$B=2A+2$$

想要求出面积,我们有

$$A = \frac{1}{2}B - 1$$

所以面积是边界点数的一半,减去1。"

"你可真是个聪明人!"

"实际上,我们可以证明任意一个 1×n 的长方形[见图 5.2(b)]都适用。面积很简单:它由 n 个相同的单元方格组成,而每个单元方格的面积都是 1。顶部行有 n+1 个点,底部行也有 n+1 个点,总共有 2n+2 个点。"

"噢,我们农民很擅长养母鸡①,两只母鸡加上两只母鸡就是四只母鸡,除非还有两只公鸡……"

"奎恩,是'n',不是'hen'(母鸡)!它是代表任意数字的符号!"

"哦。"

"不对,是'n',不是'o'!"

"啊。"

尽管中途的沟通很费劲,但是斯塔夫最终意识到奎恩只是在评论,而不是在引入新的符号,于是不再纠正他。

"所以 A=n,B=2n+2,I=0,公式成立。"他得意地总结道。

"哦,哈。你真是个天才,斯塔夫。"

"为了进一步验证,我们再试试一个 2×2 的正方形。现在 A=4,B=8,I=1,然后 $\frac{1}{2}B-1=4-1=3$。不好啦!这里行不通啦!"

---

① 字母"n"与"母鸡"(hen)在英语中发音近似。——译者注

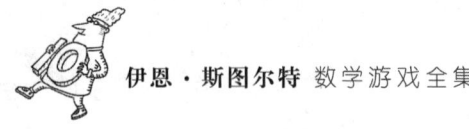

"啊,但现在内部点的数量不再是零了。"

"这是一件愚蠢的事情——我是说,天啊,奎恩,你是绝对正确的!嗯……让我们尝试一些 $2\times n$ 的长方形,看看 A 和 $\frac{1}{2}B-1$ 有什么不同……"斯塔夫列出了表5.2。

表5.2　$n=1,2,3,4,5,6$ 的 $2\times n$ 长方形的各项数值

大小	A	B	I	$\frac{1}{2}B-1$	$A-\left(\frac{1}{2}B-1\right)$
2×1	2	6	0	2	0
2×2	4	8	1	3	1
2×3	6	10	2	4	2
2×4	8	12	3	5	3
2×5	10	14	4	6	4
2×6	12	16	5	7	5

"啊哈!现在我看出规律了!"

"现在任何傻瓜都能看出规律!它就像小猪的鼻子一样明显!"

"确实是这样,奎恩。最后一列与 I 列相同。这就表明

$$A-\left(\frac{1}{2}B-1\right)=I$$

把它重写一下就是皮克定理:

对于任何一个格点多边形,其面积 A 可以用边界点数 B 和内部点数 I 的公式表示为

$$A=\frac{1}{2}B+I-1$$

是不是很奇妙?"

"当然奇妙,斯塔夫。值得1950英镑!"

"嗯。但我们还没有证明它。"

"什么?那我们刚才是在做什么?"

"只是推导和猜测,奎恩,仅此而已。显然下一步是尝试在其他例子中使用它。"

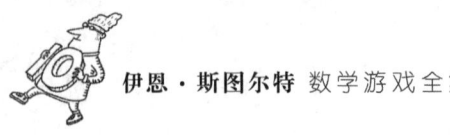

问　题

1. 请试着在图 5.3 中的格点多边形上验证皮克定理。

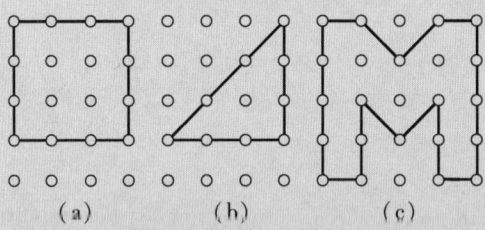

(a)　　　　(b)　　　　(c)

图 5.3　一些用于验证的格点多边形

经过一番讨论之后,奎恩说:"到此为止吧先生,对我来说已经足够清楚了!让我想想,对这个果园,位于边界上的树的数量是……"

"慢慢来,慢慢来!别着急,勒住马。"

"我能看出来你不是本地人,斯塔夫。那是山羊①。从它们的小犄角和那股羊骚味就可以知道了。"

"你说的没错。不过,奎恩,我的意思是我们仍然需要证明这个定理是正确的。"

"但我们已经有了很多证据!"

"我们曾经以为我们有足够多的证据证明

$$A = \frac{1}{2}B - 1$$

但事实证明我们是错的。你怎么知道我们现在会不会再犯错?"

"我的猜测有理有据!"

"嗯。不过,尽管你很有道理,我还是坚持需要一个证明。让我们再次考虑 $1 \times n$ 的情况。假设我们在一端加上一个正方形[见图5.4(a)],那么 A 增加了1,B 增加了2,I 保持不变(为零)。$\frac{1}{2}B + I - 1$ 增加了1,和 A 一样。

"在 $2 \times n$ 的情况下[见图5.4(b)],我们添加了一个 2×1 的块,这样 A 增加了2,B 增加了2,I 增加了1,$\frac{1}{2}B + I - 1$ 增加了2,也和 A 一样。"

---

① Hold your horses 的字面意思是"勒住马",常用于表示"别着急"。农夫误以为他把山羊认成了马。——译者注

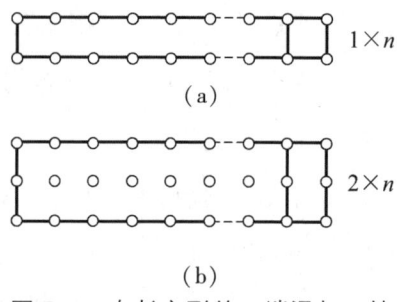

图 5.4 在长方形的一端添加一块

"啊哈！我有一个想法！如果你把两个格点多边形拼接在一起，正好是把表达式 $\frac{1}{2}B+I-1$ 相加。这是行得通的，看看右边的那块吧。"

"确实是这样。你看，它告诉我们，当皮克定理在两个格点多边形 Q 和 R 上成立时，它对它们的组合图形 P 也成立。"

"为什么？"

"因为面积随皮克定理数值的增加而增加。"

"哦！没错！说得好，先生，我看明白了。就像湖水一样清澈又明晰！"

为什么 $\frac{1}{2}B+I-1$ 是可加的

假设有两个普通的格点多边形 Q 和 R，如图 5.5 所示拼接在一起。令 P 为通过拼接它们而得到的多边形。假设它们的公共边界上有 k 个内部点（实心点），以及两端的两个点（空心点）。

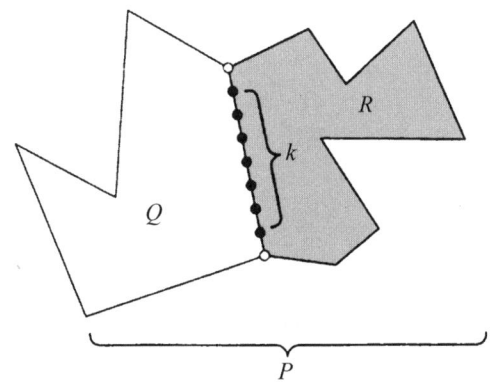

图 5.5　沿公共边界拼接两个格点多边形

对于格点多边形 P，我们进行如下定义：

$$\mathrm{pick}(P) = \frac{1}{2}B_P + I_P - 1$$

其中，B_P 是 P 的边界点数，I_P 是其内部点数。类似地，$\mathrm{pick}(Q)$ 和 $\mathrm{pick}(R)$ 也有相同的定义。

我们称这个表达式是可加的，也就是说，如果 P 是由 Q 和 R 拼接而成的，那么

$$\mathrm{pick}(P) = \mathrm{pick}(Q) + \mathrm{pick}(R)$$

现在，我们可以从图 5.5 中看到

$$B_P = B_Q + B_R - 2k - 2$$

这是因为，有 k 个实心点曾经是 Q 和 R 的边界点，但现在对于 P 来说它们是内部点，所以我们需要减去 $2k$；而 P 的两个空心边界点曾经同时是 Q 和 R 的边界点，所以它们原来被计为 4，但现在只计为 2，所以我们需要再减去 2。

同样地,还有

$$I_P = I_Q + I_R + k$$

因为 Q 或 R 原来的内部点仍然是 P 的内部点,而我们又会得到额外的 k 个实心内部点。

于是

$$\text{pick}(P) = \frac{1}{2}(B_Q + B_R - 2k - 2) + (I_Q + I_R + k) - 1$$

$$= \left(\frac{1}{2}B_Q + I_Q - 1\right) + \left(\frac{1}{2}B_R + I_R - 1\right)$$

$$= \text{pick}(Q) + \text{pick}(R)$$

因此,结论成立。

"这为我们提供了一个很好的证明策略。只要我们能够将整体划分为合适的块,并对每个块分别证明该定理,那么就可以证明该定理对于任意一个格点多边形成立。那么,我们应该用什么样的块呢?也就是说,该怎么选择?"

"选正方形?"

"不,我们想要解决的,是任意不规则的斜边多边形。"

"啊,那么是三角形?"

"你说对了!看,每个多边形——无论是否为格点多边形——都可以切割成三角形[见图 5.6(a)]。"

"是的。"

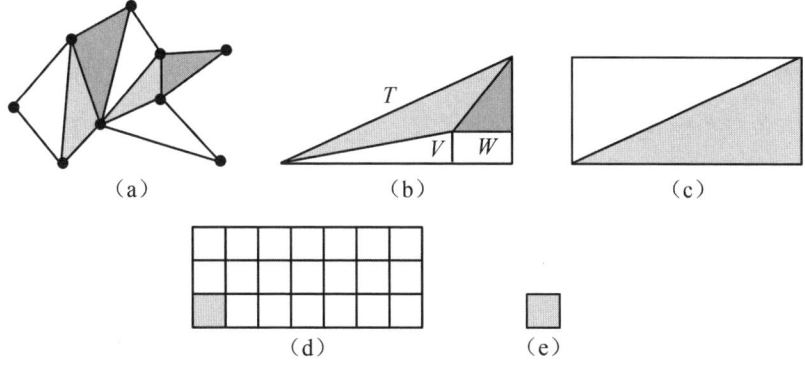

图 5.6 证明皮克定理的步骤

通过简化复杂的情况,将所有的格点多边形都归结到了基本三角形上:(a) 如果定理对任意三角形成立,则对所有格点多边形也成立;(b) 如果定理对直角三角形成立,则对任意三角形也成立;(c) 如果定理对长方形成立,则对直角三角形也成立;(d) 如果定理对 1×1 的正方形成立,则对长方形也成立;(e) 这是我们唯一需要验证的情况!

"现在,我们可以用直角三角形和长方形来表示任意三角形。比如,看这个例子。"斯塔夫迅速地画了图 5.6(b)。

"把大三角形称为 T,其中的各部分分别称为 U,V,W 和 X。对任意三角形 U,可以通过这种方式表示为直角三角形与长方形之间的和与差。我们有

$$\text{pick}(T) = \text{pick}(U) + \text{pick}(V) + \text{pick}(W) + \text{pick}(X)$$

且其面积存在下面的关系

$$\text{面积}(T) = \text{面积}(U) + \text{面积}(V) + \text{面积}(W) + \text{面积}(X)$$

"现在,如果我们知道对所有长方形和直角三角形都有 pick 值 = 面积,那么我们就知道这适用于 T、V、W 和 X。比较这两个等式,我们发现它也适用于所需的任意三角形 U。

"接下来,我们注意到,直角三角形的面积和 pick 值都是长方形的一半[见图5.6(c)]。因此,皮克定理对长方形成立,就意味着对直角三角形也成立。而长方形是由单位正方形构建的[见图5.6(d)]。因此,最终我们只需验证皮克定理对于单位正方形[图5.6(e)]是否成立……当然,我们在表5.1中已经证明过它了!"

问 题

2. 如果你对皮克定理仍然不能确信,那么请进一步验证它吧!在图5.7中有另一些格点多边形,你可以先不使用皮克定理来计算出它们的面积,然后使用皮克定理再计算一遍,验证答案是否相同。

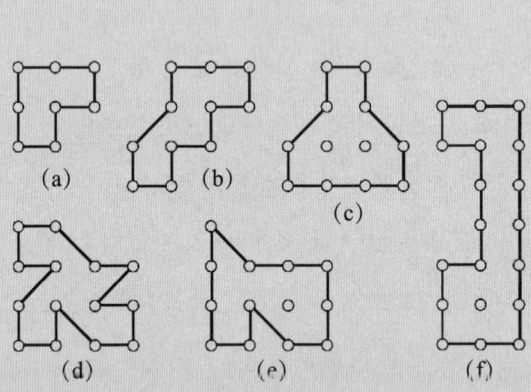

图 5.7 另一些格点多边形

3. 你能将皮克定理推广到顶点位于三维格点上的多面体吗?

"现在,奎恩,你可以得出应该让多少只山羊进入果园了。"

"哦,啊,好的。让我看看——我们有 $B=199, I=115$,所以这个区域的面积应该是

$$A = \frac{1}{2}B+I-1 = \frac{1}{2}\times 199+115-1 = 213\frac{1}{2}$$

太好了!"

他转头对他的帮工说:"巴尼,你把213只半羊放到果园里来!"

"奎恩,我从哪里去找半只羊?"

"嗯?哦……拿一把大刀……它在……"

"我建议改放一只小羊,奎恩,被切成两半的山羊可不会吃草。"

"没错,没错,你考虑周到,斯塔夫,这样才对。"奎恩睿智地点了点头。

他弯下腰擦了擦鞋子,然后踩着脚走到一个用8块混凝土板组成的正方形区域(见图5.8)。这块区域是为了让农场院子有一块不沾染泥巴和其他不卫生东西的地方而特地设立的。

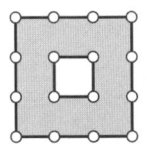

图5.8 这里出问题了吗?

"那真有趣,"他说,"又是一个格点多边形。咱们让老皮克定理再发挥一次,怎么样?让我看看……我们有 $B=16, I=0$,所以面积应该是

$$\frac{1}{2}B+I-1 = \frac{1}{2}\times 16+0-1 = 7$$

但是不对,它应该是8!斯塔夫,这里有个小问题!"

问　题

4. 这里出了什么问题？为什么会出问题？在我们对公式的所谓"证明"中隐藏着什么假设？怎么修改公式才能适用于这种情况？

答　案

1. 图 5.3(a) 是一个 3×3 的正方形, 有 $A=9$, $B=12, I=4$。

$$\frac{1}{2}B+I-1=\frac{1}{2}\times 12+4-1=9=A$$

此时定理成立。

下面看看这个公式是不是也适用于三角形, 即图 5.3(b), 它是 3×3 正方形的一半。因此, 面积 $A=4.5$, 它是 9 的一半; 而 $B=9, I=1$。

$$\frac{1}{2}B+I-1=\frac{1}{2}\times 9+1-1=4.5=A$$

定理再次成立了!

最后是那个 M 形状的物体, 即图 5.3(c), 有 $A=12, B=20, I=3$。

$$\frac{1}{2}B+I-1=\frac{1}{2}\times 20+3-1=12=A$$

定理依然成立。

2. 表 5.3 展示了计算结果。

表5.3 图5.7中各格点多边形的面积及各项数值

多边形	面积	I	B	$\frac{1}{2}B+I-1$
(a)	3	0	8	3
(b)	$4\frac{1}{2}$	0	11	$4\frac{1}{2}$
(c)	6	2	10	6
(d)	6	0	14	6
(e)	6	1	12	6
(f)	9	1	18	9

3. 对于格点多面体来说,没有以其内部及边界上的点数进行计算的体积公式。这一点在1957年被里夫(John Reeve)证明了。

一个顶点分别位于$(0,0,0)$、$(1,0,0)$、$(0,1,0)$和$(1,1,z)$的四面体总是有4个边界点和0个内部点,如果存在一个公式的话,那么其体积是确定的。但实际上,其体积$\frac{1}{6}z$会随着z的变化而变化(如图5.9所示)。

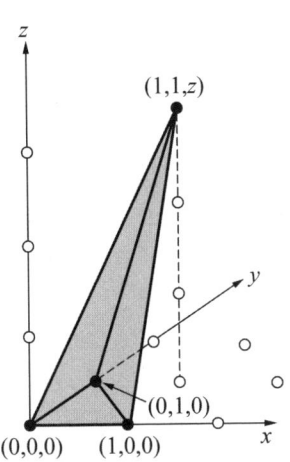

图 5.9 里夫提出的针对简单三维皮克定理的反例

不过,里夫还表明,如果我们引入第二个点阵,例如允许使用半整数坐标的点阵,那么就会存在一个适用于所有凸格点多面体的公式。这个公式太复杂了,无法在此处给出。在进阶读物中列出了里夫的论文。

4. 这里的问题在于那个洞,这导致我们给出的皮克定理的证明不成立。我们的证明假设沿着一条公共边界,隔开的 Q 和 R 拼成了 P,但在有洞的情况下，Q 和 R 的边界并不完全相同。要修正这个公式，你需要加上洞的数量。这个修正在里夫的论文中有过讨论，并构成了他的三维推广的起点。他还对更高维度做出了猜测。

第 6 章
五星岛之旅

瓷砖与缠结的数学

我的面前摆着两本书。一本是黑色封面的厚厚的《矩阵理论综述》，另一本则是薄薄的彩色光面宣传册，封面是阳光明媚的沙滩、棕榈树，还有拥有古铜色肌肤的比基尼美女。

我的注意力，被那本宣传册吸引了。

宣传册里夹着一份打印的信件，开头是这样的：

亲爱的谢沃德先生，

这你难得是一生中的假机期会！！！①

接下来的几页延续着这种噩梦般的排版风格。哼！他们甚至不能把我的名字写正确！于是，我放下手中的度假宣传册，拿起了那本厚厚的书。

但是外面狂风呼啸，冰雹使劲敲打着屋顶。屋内的电视里，气象预报员正在预告着地震的到来……

相比之下，宣传册上的海滩着实吸引人，而且价格也相当便宜——冬季特别促销价，一整个星期只需要120英镑。

这是哪里？"五星岛"？我之前可从没听说过这个地方。宣传册

---

① 此处故意打乱了顺序。——译者注

上是这么写的:

　　五星岛隶属于布杰格群岛①,位于沃尔特河上游的瓦加杜古②西北约 500 英里③处。

听起来很有异国情调。我继续读了下去。宣传册里进一步介绍说,五星岛之所以成为岛中仙境,与其壮观的铁路景观密不可分。这些铁路是意大利军队在 19 世纪 90 年代沿着海岸线建造的,十分雄伟壮观。

五星岛上共有 5 个小镇,分别是首府阿比尼多拉(A 镇)、班卡罗塔(B 镇)、坎左纳图拉(C 镇)、达粕库(D 镇)和埃索索(E 镇)。这 5 个小镇间,建有双向的环形轨道(见图 6.1)。宣传册介绍说,目前的活动套餐中包含了一张免费火车通行证。凭该通行证可乘坐 8 个车辆段的火车(任意两个相邻车站之间的铁路称为一个车辆段)。

宣传册上的海滩和酒店看上去实在太美,让人很难相信这是真的。于是,我一边腹诽,一边又拿起了《矩阵理论综述》,开始浏览其中深奥晦涩的内容。

我迷迷糊糊睡着了,做了一个非常奇怪的梦。

我梦见自己站在一座巨大的霓虹灯牌前,灯牌上闪耀着这样的文字:"欢迎来到阿比尼多拉国际机场"。

我手上紧握着一张免费火车通行证。我想,环游海岸需要乘坐 5 次火车(5 个车辆段)。还剩下 8 次中的 3 次,嗯……不想浪费它们。

---

① 这是作者杜撰的群岛。——译者注
② 它是布基纳法索的首都。——译者注
③ 1 英里约为 1.61 千米。——译者注

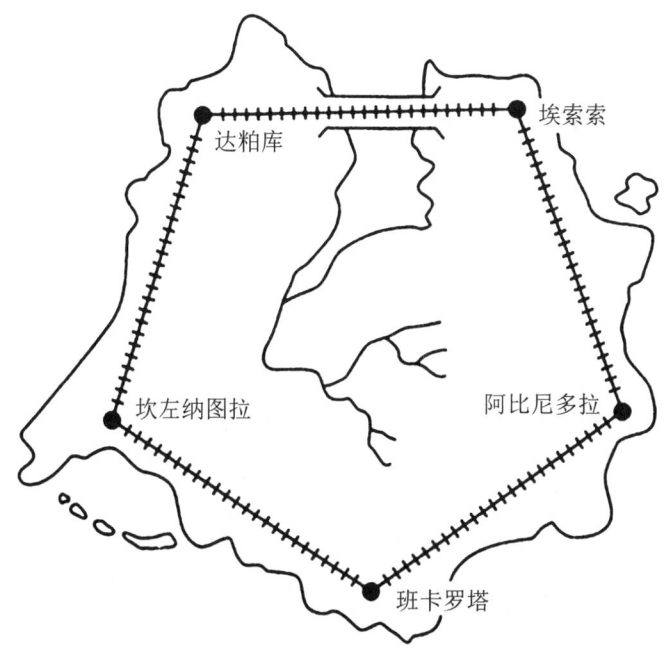

图 6.1 仙境般的五星岛及环岛铁路

我可以再去一次班卡罗塔,往返一次……不,这样还剩下 1 次。

我必须回到阿比尼多拉,只有这里才有机场,我得乘飞机回家。

我心想:这可真是商家的套路! 你根本用不完 8 次车票! 太狡诈了!

我很快意识到:我是错的。其实,有多条路线可以从起点阿比尼多拉(A 镇)出发,不多不少完成 8 个车辆段的旅行,并回到阿比尼多拉。下面我们以字母代表小镇名,那么旅行线路可以是 ABABABABA(尽管这个行程可能很无趣),ABCDEDCBA 会没那么无聊,而 ABCBAEDEA 则可以让你在中途回到岛上的首府阿比尼多拉。

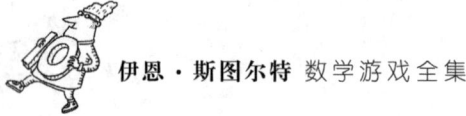

问　题

1. 从起点阿比尼多拉(A 镇)出发,完成不多不少 8 个车辆段的旅行,并回到阿比尼多拉,共有多少种不同的路线可走呢?

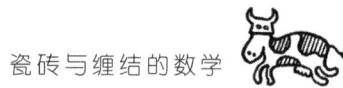

这可真是一个奇怪的梦。我坐在阿比尼多拉机场的一个粉红色垃圾桶上思考着:每段旅行必须要顺时针或逆时针进行。为了在8个车辆段的旅行后回到起点,必须有4个顺时针车辆段和4个逆时针车辆段。因此,旅行路线的数量是将8个车辆段分成4个顺时针、4个逆时针的方法数。但是,当选择了4个顺时针车辆段时,其他旅行自动成为逆时针旅行。换句话说,我需要的数字是从8个对象中选择4个对象的不同方式的数量。这可以计算出来,答案是70。

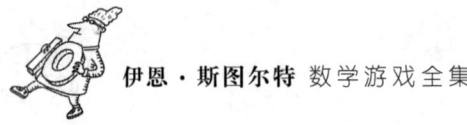

问　题

2. 这个70是怎么得出来的?

然而,这并不是解决此类问题的最佳方法。举个例子,假设在这个循环中有第6个小镇——假定是法拉西卡(F镇)。乍一看,你可能会认为答案仍然是70种旅行路线,理由也是相同的。但实际上,现在有86种不同的旅行路线。原因是,现在一共有6个城镇,要返回阿比尼多拉不仅仅可以通过4个顺时针、4个逆时针的车辆段,还可以通过7个顺时针、1个逆时针的车辆段(共8种走法),或者7个逆时针、1个顺时针的车辆段(共8种走法)。这样一来,当循环中有6个小镇时,旅行路线就比只有5个小镇时多了16种。

如果小镇的数量是其他数字,或者通行证的免费车辆段数发生变化,那么旅行路线数又会发生什么变化呢?还有,在五边形的铁路上,经 n 个车辆段后回到起点的旅行路线数共有多少种呢?让我们试着找出答案。

我在到达大厅的沙地上开始写字,一只绿犀鸟坐在路灯杆上向我眨眼。

我画了一张表,见表6.1。

表6.1 经过 n 个车辆段的旅行后抵达对应小镇的旅行路线数

n	A	B	C	D	E
0	1	0	0	0	0
1	0	1	0	0	1
2	2	0	1	1	0
3	0	3	1	1	3
4	6	1	4	4	1
5	2	10	5	5	10
6	20	7	15	15	7
7	14	35	22	22	35
8	70	36	57	57	36

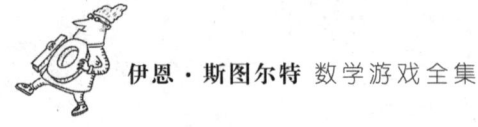

第 1 列 n 代表可使用的车辆段数,而后面各列则表示经过 n 个车辆段的旅行后,最终抵达对应小镇的旅行路线数。下面我通过例子详细说明一下。

比如说,n 为 6 这一行的 C 列,对应的数值是 15。我们不妨计算一下,当我们从 A 镇出发,经过 6 个车辆段的旅行抵达 C 镇时,共有多少种旅行路线。

唔,C 镇仅与 B 镇和 D 镇相通,因此抵达 C 镇必须经过 B 镇或 D 镇。所以经过 6 段旅行后抵达 C 镇,说明第 6 段旅行必须是 BC 或者 DC。那么,我要么通过 5 个车辆段的旅行从 A 镇到 B 镇,然后前往 C 镇;要么通过 5 个车辆段的旅行从 A 镇到 D 镇,然后前往 C 镇。

换言之,我在 n 为 6 这一行的 C 列所需要的数值,其实是 n 为 5 这一行的 B 列和 n 为 5 这一行的 D 列这两个数值的和:$10 + 5 = 15$。同理,我们可以得出这样的规律:表 6.1 中的每个数值都是其上一行同一位置的相邻两个数值之和。根据这一规律,我们可以推算出整张表格中的数值。(注意:你需要把表格想象成首尾相接的"圆桶"型,即每行最右端那格的"右边"是该行最左边的一个,反之亦然。)

我们从确定 n 为 0 这一行开始。如果我们从 A 镇出发,走 0 个车辆段,那么显然,我们只能在 A 镇原地不动。因此,此行 A 列为 1,其他列为 0。

接下来,我们就可以运用前文所述的规律计算 n 为 1、n 为 2 的各行,以此类推。请注意,n 为 8 这一行的 A 列的结果为 70,这就证

明了我先前的计算。同一行的其他数值则表明,经过 8 个车辆段的旅行,从 A 镇到达 B、E 两镇各有 36 种不同路线,而到达 C、D 两镇各有 57 种不同路线。

如果车辆段的数目不大,那么这个方法非常有效。但是,假如我可以有 100 个车辆段的免费旅行,那该怎么计算旅行路线的数目呢?如果仍然用表格来计算,想必十分费时,那么有没有什么公式可以简化计算量?

我把表格扩展到了第 9、10、11 行甚至更多行,试图找出其中的规律。很快,我的演算纸就铺满了半个阿比尼多拉国际机场。这时,一只巨嘴鸟开始啃我的行李箱。它咬下了一小块《矩阵理论综述》,但不得不吐出来。看来,矩阵理论实在是难以消化。

我悠悠转醒,发现此时《矩阵理论综述》已经掉在了地上。我看着书打开的那一页——我意识到,如何在五边形铁路上旅行的问题和矩阵理论之间存在着联系。

矩阵是一个由数字组成的矩形数组,它是一个世纪前由英国数学家凯莱(Arthur Cayley)发明的。凯莱曾经断言:"这个概念不可能有任何实际应用。"但实践表明,他大错特错了:如今,工程师、经济学家、物理学家、生物学家和统计学家的工作日常都离不开矩阵代数。

矩阵具有代数的特性,可以进行计算。你可以将它们相加或相乘。矩阵加法规则很简单:要将两个矩阵 *M* 和 *N* 相加,只需要将对应位置上的项相加即可。但我们这里不需要用到这个规则。我们需

要的是如何将矩阵 M 和 N 相乘得到 $M×N$ 的规则。

这就是矩阵的神奇之处了,请看图 6.2。使用此方法,你还可以计算正方形矩阵 M 的 $M^2=M×M$、$M^3=M×M×M$ 等各种幂次。矩阵的幂次是解决五星岛问题的关键。

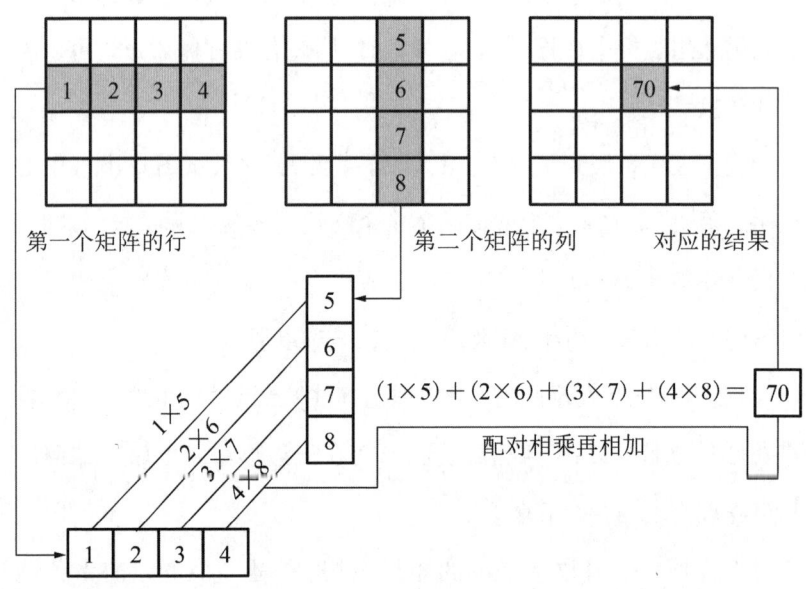

图 6.2 矩阵的乘法规则

五星岛的铁路网络可以用矩阵来描述。矩阵以数字的形式表达了不同事物之间的关联。例如,在这个问题里,我们可以用矩阵来描述哪些小镇之间以铁路相连:如果小镇 X 和小镇 Y 之间有一段铁路,那么我们就在 X 行 Y 列的位置写下一个 1;反之,则写下一个 0。按此规则,整个五星岛的铁路就可以用表 6.2 来描述。

表 6.2　五星岛铁路关联情况

	A	B	C	D	E
A	0	1	0	0	1
B	1	0	1	0	0
C	0	1	0	1	0
D	0	0	1	0	1
E	1	0	0	1	0

写成矩阵的形式,就是

$$\begin{bmatrix} 0 & 1 & 0 & 0 & 1 \\ 1 & 0 & 1 & 0 & 0 \\ 0 & 1 & 0 & 1 & 0 \\ 0 & 0 & 1 & 0 & 1 \\ 1 & 0 & 0 & 1 & 0 \end{bmatrix}$$

举个例子,C 镇和 D 镇是相连的,所以在 C 行 D 列是 1;E 镇和 B 镇没有相连,所以在 E 行 B 列是 0。为了方便说明问题,我们下面仍然用类似表格的形式表示矩阵。

实际上,我们可以把小镇和铁路所组成的系统抽象地看成由点和线所组成的点线图。任何这样的点线图都可以按上述定义得到对应的关联矩阵(图 6.3)。

由于 C 镇与 D 镇相连,D 镇也与 C 镇相连,因此在 D 行 C 列也必须是 1。换句话说,关联矩阵必须对称,其对称轴为自左上角至右下角的斜对角线。

我们设 M 是五星岛铁路的关联矩阵。你能计算出 M^2、M^3 等矩阵的幂吗?你可以参考上面提到的乘法规则进行计算,答案见图

	A	B	C	D	E
A	0	1	1	1	1
B	1	0	0	0	0
C	1	0	0	0	0
D	1	0	0	0	0
E	1	0	0	0	0

	A	B	C	D	E
A	0	1	1	0	0
B	1	0	1	1	0
C	1	1	0	0	1
D	0	1	0	0	1
E	0	0	1	1	0

	A	B	C	D	E
A	0	1	1	1	1
B	1	0	1	0	0
C	1	1	0	0	0
D	1	0	0	0	1
E	1	0	0	1	0

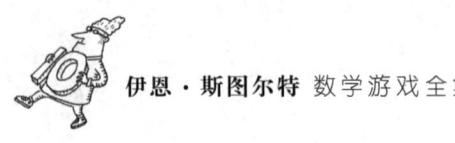

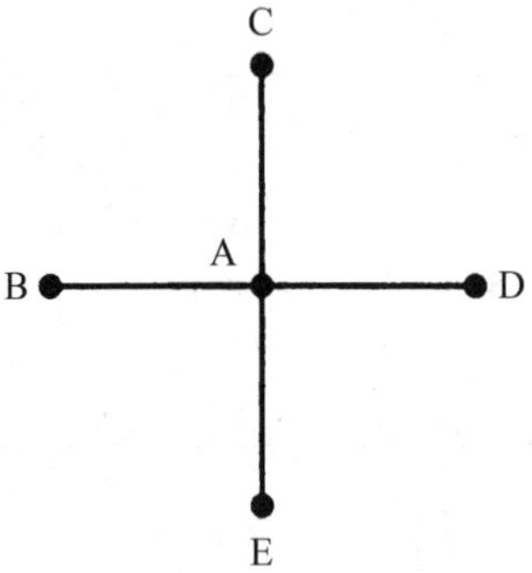

图 6.3　三个点线图及其关联矩阵

其中顶行表示第 1 个元素与其他元素的关系,其他行类似

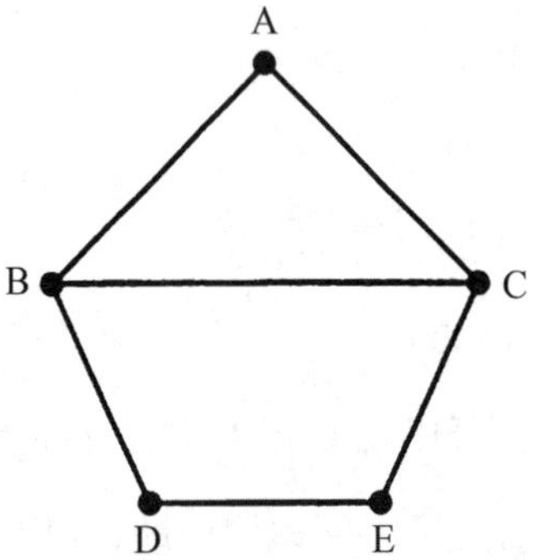

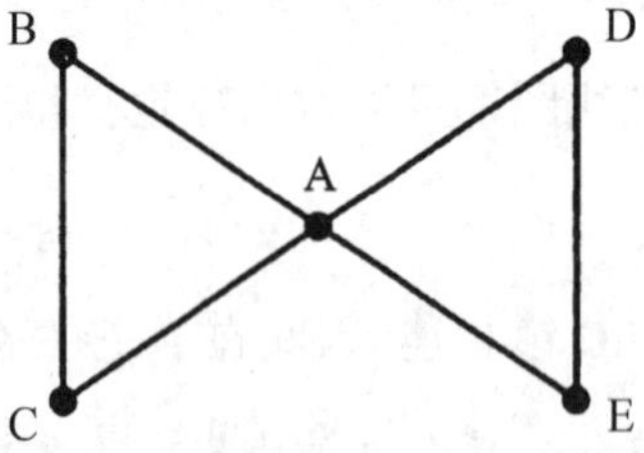

6.4。你可以将答案与前文的表格计算结果进行比较,其中含有令人惊叹的规律呢!

矩阵M的1次幂

0	1	0	0	1
1	0	1	0	0
0	1	0	1	0
0	0	1	0	1
1	0	0	1	0

矩阵M的2次幂

2	0	1	1	0
0	2	0	1	1
1	0	2	0	1
1	1	0	2	0
0	1	1	0	2

矩阵M的3次幂

0	3	1	1	3
3	0	3	1	1
1	3	0	3	1
1	1	3	0	3
3	1	1	3	0

矩阵M的4次幂

6	1	4	4	1
1	6	1	4	4
4	1	6	1	4
4	4	1	6	1
1	4	4	1	6

矩阵M的5次幂

2	10	5	5	10
10	2	10	5	5
5	10	2	10	5
5	5	10	2	10
10	5	5	10	2

矩阵M的6次幂

20	7	15	15	7
7	20	7	15	15
15	7	20	7	15
15	15	7	20	7
7	15	15	7	20

矩阵M的7次幂

14	35	22	22	35
35	14	35	22	22
22	35	14	35	22
22	22	35	14	35
35	22	22	35	14

矩阵M的8次幂

70	36	57	57	36
36	70	36	57	57
57	36	70	36	57
57	57	36	70	36
36	57	57	36	70

图6.4 五星岛问题的关联矩阵的幂

这不是巧合。对于任何一个点线图,矩阵的 n 次幂中 X 行 Y 列的数值总是等于从 X 镇出发到 Y 镇结束的由 n 段旅行构成的不同路线的数量。为什么会这样?我们知道,从 X 镇出发到 Y 镇,且长度为 n 段的旅行必然可以分解为从 X 镇到某个 Z 镇的、长度为 n−1 段的旅行和从 Z 镇到 Y 镇的、长度为 1 段的旅行。基于这个事实和矩阵的乘法规则,就可以得到上述结果。

你可以使用这个结果来计算任意图形中两点之间给定长度的旅行方式数。例如,图 6.5 展示了环形路线中 11 个小镇的关联矩阵的 10 次幂。这表明,完成 10 个车辆段的旅行并回到起点有 252 种方式。

252	1	210	10	120	45	45	120	10	210	1
1	252	1	210	10	120	45	45	120	10	210
210	1	252	1	210	10	120	45	45	120	10
10	210	1	252	1	210	10	120	45	45	120
120	10	210	1	252	1	210	10	120	45	45
45	120	10	210	1	252	1	210	10	120	45
45	45	120	10	210	1	252	1	210	10	120
120	45	45	120	10	210	1	252	1	210	10
10	120	45	45	120	10	210	1	252	1	210
210	10	120	45	45	120	10	210	1	252	1
1	210	10	120	45	45	120	10	210	1	252

图 6.5　环岛关联矩阵的幂

问　题

3. 由图 6.5 可知,要想从给定的起点小镇经过 10 个车辆段的旅行后回到与其相邻的某个小镇,则有且仅有一种可能方式。为什么会这样?

那有没有共性的规律呢?我们从一个简单的问题入手:假如有一条由4个小镇组成的环岛铁路,那么它的关联矩阵的幂是怎样的?通过计算,你会得到如下的幂。

1 次幂

0 1 0 1
1 0 1 0
0 1 0 1
1 0 1 0

2 次幂

2 0 2 0
0 2 0 2
2 0 2 0
0 2 0 2

3 次幂

0 4 0 4
4 0 4 0
0 4 0 4
4 0 4 0

4 次幂

8 0 8 0
0 8 0 8
8 0 8 0
0 8 0 8

此时,我们可以观察到显而易见的规律:这个矩阵具有形似国际象棋棋盘的规律,并且幂次每增加1,则矩阵中的数值就翻一倍。在4个小镇的环形铁路上,经过n个车辆段的旅行回到出发点的路线数为:0(n为奇数时)或2^{n-1}(n为偶数时)。

也可以合并写为略复杂的形式:

$$\frac{1}{4}[2^n+(-2)^n]$$

负整数的奇数次幂是负数,而其偶数次幂是正数。利用这一点,我们就能巧妙地用一个式子来表达n为奇数、偶数时的不同结果。那么,对于五星岛铁路的情况,是不是也有类似于上述4个小镇路线的公式呢?确实存在这样的公式,而且其中还蕴藏着"黄金分割比",是不是很神奇?

黄金分割比是下面这个数字:

$$\phi=\frac{1+\sqrt{5}}{2}=1.618034\cdots$$

五星岛铁路的关联矩阵的幂的公式是:

$$\frac{1}{5}[2^n+2(\phi-1)^n+2(-\phi)^n]$$

这一公式的证明过程涉及高等数学,这里暂且略去不表。乍看之下,你可能认为该公式的结果不是整数,但它实际上恰好是整数!

实际上,存在对于连接m个小镇的铁路环线的通用公式,我们可以用几何方式对其重新表述如下。

在半径为2的圆上画一个正m边形(见图6.6),并将其顶点投影到数轴上,设投影点与圆心间的距离为$d_1, d_2, \cdots, d_m$。可以得到:

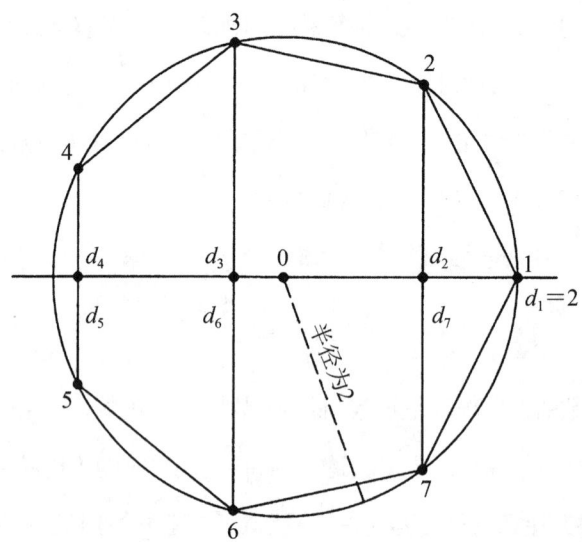

图6.6 用于计算旅行路线数的几何证明

在半径为2的圆内画一个正 m 边形,投影以得到各段距离 d_k,并找到 d_k 的 n 次幂的平均值

$$d_k = 2\cos\frac{360(k-1)}{m}, k=1,2,3,\cdots,m$$

将左侧的距离记为负数,则 n 段旅行的路线数为:

$$\frac{1}{m}(d_1^n + d_2^n + \cdots + d_m^n)$$

也就是说,它是各投影距离的 n 次幂的平均值。

这是一个有趣的结果,而且其中隐藏着更有趣的一点,即对于任意 n 而言,这些 n 次幂的和是一个整数。而且,这个整数还可以被 m 整除。

例如,假设 $m=7$,则各投影距离如下。

$$d_1 = 2\cos\left(360 \times \frac{0}{7}\right) = 2$$

$$d_2 = 2\cos\left(360 \times \frac{1}{7}\right) = 1.246\ 98$$

$$d_3 = 2\cos\left(360 \times \frac{2}{7}\right) = -0.445\ 04$$

$$d_4 = 2\cos\left(360 \times \frac{3}{7}\right) = -1.801\ 94$$

$$d_5 = 2\cos\left(360 \times \frac{4}{7}\right) = -1.801\ 94$$

$$d_6 = 2\cos\left(360 \times \frac{5}{7}\right) = -0.445\ 04$$

$$d_7 = 2\cos\left(360 \times \frac{6}{7}\right) = 1.246\ 98$$

对于长度为 n 个车辆段的旅行,当起点、终点为同一小镇时,其旅行路线的总数是上述 7 个数值的 n 次方的和的 $\frac{1}{7}$。不信?让我们用计算器来验证一下,见表6.3。

表6.3 计算公式的精确值和计算值

精确值	计算值
0	0.000 000 18
2	2
0	0.000 000 40
6	6.000 001
0	0.000 000 27

（续表）

精确值	计算值
20	20
2	1.999 996
70	70.000 02
18	17.999 99
252	252

我再重复一遍，公式是精确的。表格中微小的差异是由于计算器的四舍五入误差所致。想要得到我的五边形铁路公式，你需要知道的是：当 $m=5$ 时，$d_1=2$，$d_2=d_5=\phi-1$，$d_3=d_4=-\phi$。你也可以通过观察正方形得到 $d_1=2$，$d_2=d_4=0$，$d_3=-2$，来推出 $m=4$ 时的公式。

我们从一个有关铁路的问题开始，通过图论和矩阵理论的旅程，最终得到了一个三角学的结果。数学真是太神奇了！

问　题

4. 从 A 镇出发并回到 A 镇，共有多少种长度为 50 车辆段的旅行路线？

5. 如果在 C 镇和 E 镇之间建设一条新的铁路线，那么从 A 镇出发并回到 A 镇的、长度为 8 个车辆段的旅行路线有多少种？

  思考完这个问题后,我心满意足地闲坐在沙发椅中,暗下决心一定要亲自去一趟五星岛,亲身体验一次环岛铁路之旅。它在地图的哪里?布杰格群岛又在哪里?

  我找不到它们。

  但我的确发现了一些有趣的东西。

  瓦加杜古的西北方向 100 英里处就是撒哈拉沙漠。沃尔特河上游是内陆地区,并没有什么海岸线。而且在意大利语中,"阿比尼多拉(Abbindolare)""班卡罗塔(Bancarotta)""坎左纳图拉(Canzonatura)""达粕库(Dappoco)"和"埃索索(Esoso)"的意思分别是"欺骗""破产""恶作剧""无用"和"可憎"。

  我想我还是接着看我的矩阵理论吧。

答　案

1. 五星岛环线中，长度为 8 个车辆段的铁路旅行路线不多不少正好有 70 种。

ABCDEDCBA ABCDCDCBA ABCDCBCBA

ABCDCBABA ABCDCBAEA ABCBCDCBA

ABCBCBCBA ABCBCBABA ABCBCBAEA

ABCBABCBA ABCBABABA ABCBABAEA

ABCBAEABA ABCBAEAEA ABCBAEDEA

ABABCDCBA ABABCBCBA ABABCBABA

ABABCBAEA ABABABCBA ABABABABA

ABABABAEA ABABAEABA ABABAEAEA

ABABAEDEA ABAEABCBA ABAEABABA

ABAEABAEA ABAEAEABA ABAEAEAEA

ABAEAEDEA ABAEDEABA ABAEDEAEA

ABAEDEDEA ABAEDCDEA AEABCDCBA

AEABCBCBA AEABCBABA AEABCBAEA

AEABABCBA AEABABABA AEABABAEA

AEABAEABA AEABAEAEA AEABAEDEA

AEAEABCBA AEAEABABA AEAEABAEA

AEAEAEABA AEAEAEAEA AEAEAEDEA

AEAEDEABA AEAEDEAEA AEAEDEDEA

AEAEDCDEA AEDEABCBA AEDEABABA

AEDEABAEA AEDEAEABA AEDEAEAEA

AEDEAEDEA AEDEDEABA AEDEDEAEA

AEDEDEDEA AEDEDCDEA AEDCDEABA

AEDCDEAEA AEDCDEDEA AEDCDCDEA

AEDCBCDEA

2. 这是一个典型的组合数问题，计算公式是

$$C_8^4 = \frac{8 \times 7 \times 6 \times 5}{4 \times 3 \times 2 \times 1} = 70$$

3. 想要到达相邻的某个小镇，要么从一个方向走 1 段，要么从另一个方向绕一大圈走 10 段。走 1 段到达该小镇后，再走 9 段不可能回到那里，所以只有绕一大圈的一种可能方式能够完成任务。

4. 从 A 镇出发，经过 50 个车辆段后回到 A 镇的旅行路线共有 225 191 238 869 774 种。

5. 如果在 C 镇和 E 镇之间建设一条新的铁路线，那么从 A 镇出发并回到 A 镇的、长度为 8 个车辆段的旅行路线有 189 种。

第 1 章
棋盘上的竞技

"**陛**下,比赛结束了。"

亚瑟王(King Arthur)把头探出阳台,望向尤瑟·潘德拉贡①的比武竞技场的方向。他暗想,再没有什么比体育比赛更能让老百姓暂时忘却饥饿了。

很少有人知道,亚瑟王曾经患有口吃,无法说出字母 t 的发音,甚至连脑海中的想法也备受折磨。不过,当他意识到,这个比武场不够雄伟时,他的笑容消失了。

"梅林(Merlin)!"

"陛下,我在呢。请问您有什么吩咐?"

"这个比武场是哪个蠢货设计的?骑士连骑马的地方都没有?"

"陛下,骑士可以在那边有方格图案的地面上骑马。"

"但是梅林,那是个正方形啊。而且它太小了,马根本跑不快。"

"啊。陛下,您的英明一如既往!但我使用魔法,创造了一种新的生物。您看好了!"随着"噗"的一声响,空中出现了一股绿色的烟

---

① 尤瑟·潘德拉贡(Uthur Pendragon)是亚瑟王父亲的名字。——译者注

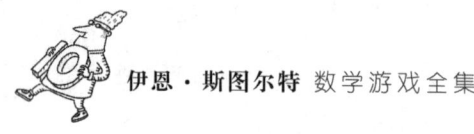

雾,随后烟雾组成了一个奇怪的形态。

"说真的,梅林,这东西看起来非常像马头!"

"尊贵的陛下,这是一种新的概念,我称之为棋子'马'。"

"即使兰哈洛特爵士①都会觉得这太滑稽了,简直是无中生有!"

"当然,这不是真正的马。陛下,请您谅解,这其实是娱乐活动,而不是真正的战场厮杀。我设计了一款游戏,可以用棋子来模拟战争。"

空中出现了更多的绿烟,许多雕刻的棋子沿着场地的两侧浮现出来。"梅林,这些东西的形状都很奇怪,那个看起来像城堡的倒还有点逼真。"

"那是棋子'车',陛下。"

"梅林,如果你认为那是'车'的话,那么我得庆幸你不是那个驾车的车夫。你管这个游戏叫什么名字?"

"陛下,我称它为'箱棋',因为这些棋子在不使用时都存放在一个木质小箱子里。"

"象,象棋②。"国王在舌尖上滚了几个回合。他喜欢这个发音。梅林叹了口气,然后在心里把"箱棋"改成了"象棋"。他还没有时间制定规则,但他已经想好了每枚棋子应该如何移动。

亚瑟王皱了皱眉头,他发现棋子"王"每次只能移动一格,这让他不

---

① 兰哈洛特(Laughalot)是亚瑟王的第一圆桌骑士、梅林的好友兰斯洛特(Lancelot)的谐音,Laughalot 的意思是总是在笑。——译者注

② 梅林说的是"chest"(箱子),由于亚瑟王不能发出"t"的音,他说出来就变成了"chess"(国际象棋)。当然,梅林可不会纠正这一点,于是,"箱棋"就变成了"象棋"。——译者注

满。而得知棋子"后"可以向任意方向无限制地移动时,他愈加不满意。

"陛下啊,一次只能移动一格才能更显王室尊严和气度,更符合国王的出行仪仗,"梅林坚定地说道,"国王需要守护,而这正是其他棋子的责任。"

亚瑟王特别喜欢被称为骑士的棋子"马"[①]。当他发现每位国王只能拥有两位骑士时,他多少有些伤心。"我应该选谁当我的骑士呢?"他痛苦地问道,"肯定要带兰哈洛特爵士,不然你们的格温妮王后[②]得足足怪我一整个月。但是第二位骑士该带谁?是带盖乐斯爵士[③]还是带贝尔维迪尔爵士[④]呢?不论我带哪一位,另一位都会不高兴……"

梅林共设计了 6 种不同的棋子。其中,马这种棋子显得格外与众不同。它的移动方式是独一无二的跳跃式:从"起跳位置"到"落地位置",过程中不会经过任何中间方格。这个移动方式本身就很不寻常,是一个折线形的运动,先水平或垂直移动两个方格,然后向成直角的另一个方向移动一个方格。

亚瑟王恍然大悟:"就像格莱姆爵士[⑤]那样。"他所说的格莱姆爵士是一位身材魁梧的骑士,他曾经差点被一条龙攻击,现在走路时会略微有点跛。

"那么你的这种游戏棋的下棋规则是什么?"亚瑟王问道。作为一个

---

① 国际象棋中的"马"(knight),原意是骑士。——译者注
② 格温妮(Gwinny)是亚瑟王的王后桂妮维亚(Guinevere)的谐音。——译者注
③ 盖乐斯(Garrulous)是亚瑟王的好友盖厄斯(Gaius)的谐音。——译者注
④ 贝尔维迪尔(Belvedere)是亚瑟王的圆桌骑士贝迪维尔(Bedivere)的谐音。——译者注
⑤ 格莱姆(Golaime)是亚瑟王的圆桌骑士高文(Gawain)的谐音。——译者注

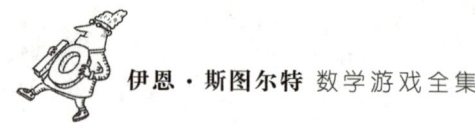

国王,他喜欢规则,自己就是制定规则的人。当然,他自己不用遵守规则。

实际上,梅林还没完全想好,所以他只能临时现编:"陛下,他们是要去,呃,寻宝。对,寻宝探险。马要用它特有的走法走遍棋盘上的每个方格,而且每个方格只能走到一次。"

实际上,这是一道著名的国际箱棋,呃,国际象棋谜题。在我们的世界里,这道谜题曾吸引了许多著名数学家的目光。该问题最早记录的解法是由棣莫弗(Abraham De Moivre)提出的(棣莫弗更为人熟知的成就是有关复数的定理)。在他的解法中,马出发和最终抵达的方格并不能连在一起。后来,勒让德(Adrien-Marie Legendre)对此进行了改进,并找到了一种解决方案,其出发和最终抵达的方格之间仅相差一步,因此整个行程可以闭合为64步的马的"循环路线"。这样的遍历路线称为闭路。欧拉(Leonhard Euler)当然不甘示弱,他可是历史上最多产的数学家,即使在失明后也获得了许多数学成就。他找到了一种能依次遍历棋盘的两个"半场",并最终回到起点的遍历闭路。三种路线可参见图7.1。

棣莫弗　　　　勒让德　　　　欧拉

图7.1　三位数学家给出的马的遍历路线

梅林念了一个咒语，召唤出这三位未来的数学巨匠，为国王演示了这三种路线。随后，梅林想到了一个新的问题：在多大规格的棋盘上行走时，可以用马遍历棋盘？

梅林再次挥动魔杖，念出咒语。这一次，尤瑟·潘德拉贡的比武竞技场的方格场地发生了变化，场地中的格子数量变了。

这时，腰佩粉色饰带、手持名剑的兰哈洛特爵士匆忙跑进了宫殿。"陛下，我带来了一个紧急的消息……"

"闭嘴，兰哈洛特。梅林正在解说一个深得我心的新游戏呢。"

"但是，陛下……"

亚瑟王摇了摇手指让他安静。兰哈洛特爵士看起来很不安，但他还是忍住了没有说话。

梅林解释说，马可以在大小为 5×5 或更大的棋盘上完成遍历路线（见图7.2）。但在 5×5 和 7×7 的棋盘上，遍历路线不是闭路。

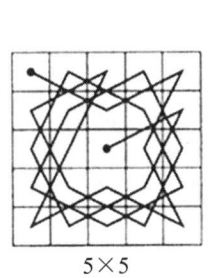
5×5

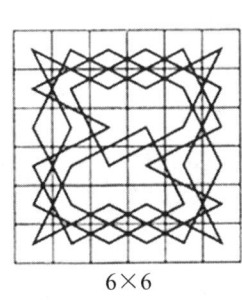
6×6

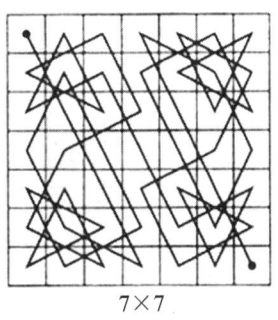
7×7

图 7.2　小正方形棋盘上马的遍历路线

问　题

1. 为什么在某些尺寸的棋盘上，马的遍历路线不是闭路？在 999×999 的棋盘上是否有马的遍历闭路？

2. 如果问题 1 没有难倒你的话，请试着回答：在图 7.3 所示的不规则八边形棋盘上是否存在马的遍历路线？

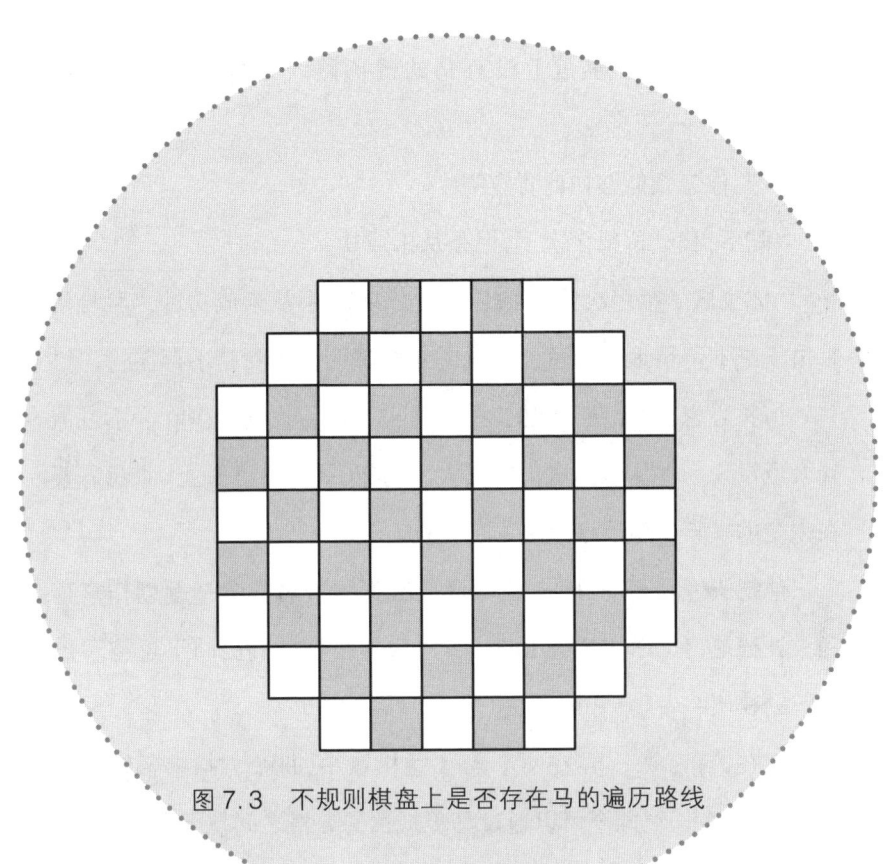
图7.3 不规则棋盘上是否存在马的遍历路线

"梅林,你犯了个错误。"

"陛下,您的意思是?"

"你没有说4×4棋盘上马的遍历路线。"

"陛下,4×4的棋盘上没有马的遍历路线,原因很简单:它不存在。"

"嗯,你怎么能够如此肯定呢?"

"陛下,我试过很多次了,但是从未成功。"

"你也试了很多次凭空变出一位美少女,但从未成功过,"兰哈洛特爵士毫不留情地吐槽道,"但这并不能证明美少女是不存在的。"

梅林心想,和你在一起的时候,确实不容易找到美少女。不过他什么也没说。他从包里取出一块大大的布,罩在自己头上。"我需要在完全的黑暗中施展这个法术。"他解释道。

他把头埋在布下,用水晶球召唤出英国著名数学谜题创作家亨利·杜德尼(Henry Ernest Dudeney),后者在梅林的威胁下透露了他的解题秘诀——"纽扣绳子法"。

现在,请想象一下:在一个4×4的棋盘中,每个方格上都钉着一枚纽扣,并在任意两个可以通过马步抵达的方格之间拉上绳子。

接下来,重新对这些纽扣和绳子进行排列,以便能更清晰地显示出它们之间的关联。现在,问题就转化成了沿着绳子移动,并且每枚纽扣只被访问一次。绳子排布的变化是不会影响这个问题的答案的。更抽象地说,这个棋盘上的马的遍历游戏可以通过图示来呈现。

图中的"点"(纽扣)对应于棋盘上的方格,"边"则将每两个可通过马步抵达的"点"相连。这样一来,马的遍历问题就变成了哈密顿回路问题,即找到通过图中每一个"点"仅一次,并最终回到起始点的路径。

哈密顿回路是以爱尔兰数学家哈密顿(William Rowan Hamilton)的姓氏命名的。该问题一直为数学家们所关注,但至今尚未被完全解决。

梅林向亚瑟王和兰哈洛特爵士展示了4×4棋盘上的马的遍历问题所对应的点线图(图7.4)。请注意,图中有4个"外部点":1、4、13、16。有4个"内部点":6、7、10、11。此外,还有两个内部正方形——3、5、14、12和2、8、15、9。我们用加粗的黑线和加粗的点线来突出显示这两个内部正方形,因为它们将起到非常重要的作用。

"陛下,我将首先论证不存在马的遍历闭路。还有一点,如果存在马的遍历路线,那它一定得从外部点开始,并在外部点结束。"

"这是为什么,梅林?"

"陛下,假设存在一条马的遍历闭路,那么它必然经过点13。但是只有点6、点11与点13相连,因此这一路线必然包含6—13—11或11—13—6这一序列。同样,点4必须在序列6—4—11或11—4—6中间。然而,如果存在马的遍历闭路,那就意味着其路线连接起来会形成一条闭合的环线,并且可经由6—13—11—4再次回到点6。然而,整个路线要访问16个方格中的每一个,因此它不能包含长度为4的闭合环线。因此,马的遍历闭路是不可能存在的。此外,如果存在马的遍历路线,那么点13或点4必然是路线中的两个端点。

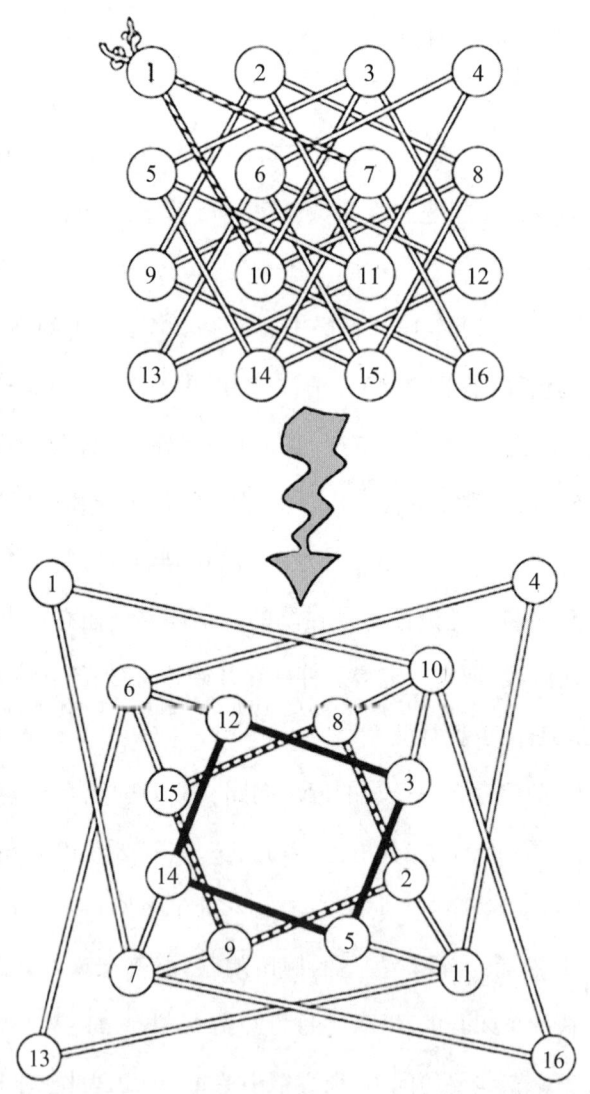

图 7.4 通过点线图证明棋盘上不存在马的遍历路线

同样，点 1 或点 16 也必须是路线中的两个端点。"

盖乐斯爵士的出现打断了梅林，他一条胳膊上挂着巴兹里斯克蛇怪①的尸体，另一条胳膊搂着一位蓬头垢面的女士。他介绍说，这位女士名叫米格林②。但是梅林并没有就此打住，他试图继续论证。

"简单起见，假设路线从点 13 开始，到点 1 结束。那么这个遍历路线就将从 13—11—4—6 开始，到 7—16—10—1 结束。当然，选其他的起点和终点也是可以的，不过接下来的论证部分是相同的——我们必须确定在两个中间点，即点 6 和点 7 之间的这段子路线不能经过已到访过的点。

"点 1、4、13、16 是 4 个外部点，点 10、11 是 2 个内部点。因此，我们需要一个从点 6 到点 7、并只经过 2 个内部正方形所在的 8 个点的子路线。

"那些纽扣太难看了，"米格林女士说道，"它们的颜色让我的眼睛不舒服。亲爱的盖乐斯，我想我们应该……"

"不过，"梅林继续说道，"这两个内部正方形之间没有直接相连的点！从点 6 开始，我们必须跳到其中一个内部正方形，比如粗黑线所示的那个内部正方形。但是，我们只能通过从点 14 到点 7 的出口离开那个内部正方形。然而，现在没有办法进入粗点线所示的那个内部正方形了！因为点 7 和点 16 已经被连上了！

"如果我们从点 6 出发并跳到粗点线所示的内部正方形，也存在

---

① 传说巴兹里斯克蛇怪的目光或气息可致人死亡。——译者注
② 米格林女士（Lady Migraine），英文意为头痛女士。——译者注

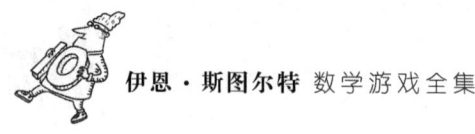

同样的问题:要进入粗黑线所示的内部正方形,唯一的方式是通过点7,但我们希望子路线在点7处结束,因此这是不可能的。

"因此,4×4棋盘上的马的遍历路线是不存在的。"梅林得意地结束了讲话。回应他的是长长的沉默,以及盖乐斯爵士的鼾声。一切显得那么尴尬。最后,亚瑟王干巴巴地说:"没错,我在你开始解释之前就已经知道了。"事后诸葛亮永远是王室成员的特权。对此,梅林早就习以为常。他没有反驳。

此时此刻,兰哈洛特爵士不安地踱着脚步:"陛下,我有要事禀报——"

但亚瑟王突然有了一个新的想法。他非常兴奋,问道:"如果在一个4×4的棋盘上马无法遍历整个棋盘,那么其中可能的最长路线是什么呢?"

问　题

3. 你能回答亚瑟王的问题吗？兰哈洛特爵士回答不了，所以他只能闭上嘴。

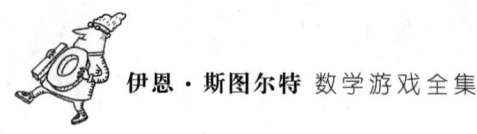

"也可以在非正方形的棋盘上尝试马的遍历路线，其中最简单的是长方形棋盘。在一个 2×3 的长方形棋盘上不存在马的遍历路线，但在一个 3×4 的长方形棋盘上存在马的遍历闭路。在 3×5 或 3×6 的长方形棋盘上也不存在马的遍历路线，对此我们可以用'纽扣绳子法'加以证明。"

问　　题

4. 在 3×7 的长方形棋盘上，马的遍历问题是有解的，但只能选择某些特定格子作为起点和终点。为什么会这样呢？

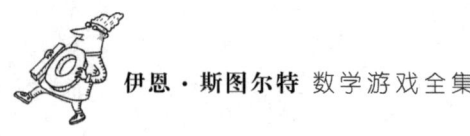

"当然,马不仅可以在二维棋盘中游历,也可以在三维空间中进行游历。在其著作《数学娱乐》中,亨利·杜德尼说:'几年前,我碰巧读到这样一段内容:生于1736年、卒于1793年的聪明数学家阿布尼特·范德蒙(Abnit Vandermonde)曾提出这样一个问题,即让马在一个立方体的6个表面(每个表面都是一个国际象棋棋盘)上遍历。'亨利·杜德尼发现了一种解法,让马可以在6个表面逐个遍历。"

问　题

5. 你是否能完成在立方体棋盘上的马的遍历？

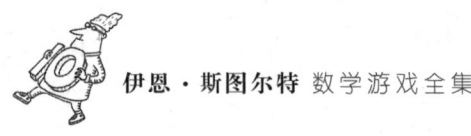

"顺便提一下,亨利·杜德尼的记忆稍有偏差。这个人的名字是亚历山大-泰奥菲勒·范德蒙(Alexandre-Théophile Vandermonde),他生于1735年,卒于1796年。

"那么,对于其他尺寸的立方体棋盘,是否也有类似的遍历路线呢?显然,对于一个2×2×2的立方体棋盘来说,马在每个面上依次遍历是不可能的。不过,即使是这么小的立方体表面,也可以实现马的遍历闭路。我们首先要对'在立方体表面上的马的遍历路线'给出更准确的定义。我们定义三维空间的马步是'当立方体表面按某种方式展开平铺后,可以按标准的、平面上的马步进行跳跃的一步。'于是,在2×2×2的立方体棋盘上,我们将观察到令人惊讶的'神奇步'。

"图7.5(a)中所示的走法乍一看不像是马步,但是如果将立方体表面展开,就可以看出它确实是正确的马步[见图7.5(b)],我们称其为'神奇步'。

"实际上,在2×2×2的立方体棋盘上[见图7.5(c)],存在马的遍历闭路,该路线就是由上述令人意想不到的'神奇步'构成的。这就又涉及一个古老的数学问题:将一个立方体以何种方式进行切割,可以得到神奇的正六边形?一共有4种对2×2×2的立方体进行切割并得到'神奇六边形'[见图7.5(d)]的方式,每个此类六边形都以对角线的方式穿过立方体的6个方格。因此,每个六边形都确定了立方体棋盘上的6个格子,而这些格子都以令人意想不到的方式对应为马步[见图7.5(e)]。接着,我们不难发现,这4个正六边形之间也可以通过'神奇步'相连,从而组成一个完整的马的遍历闭路[见图7.5(f)]。

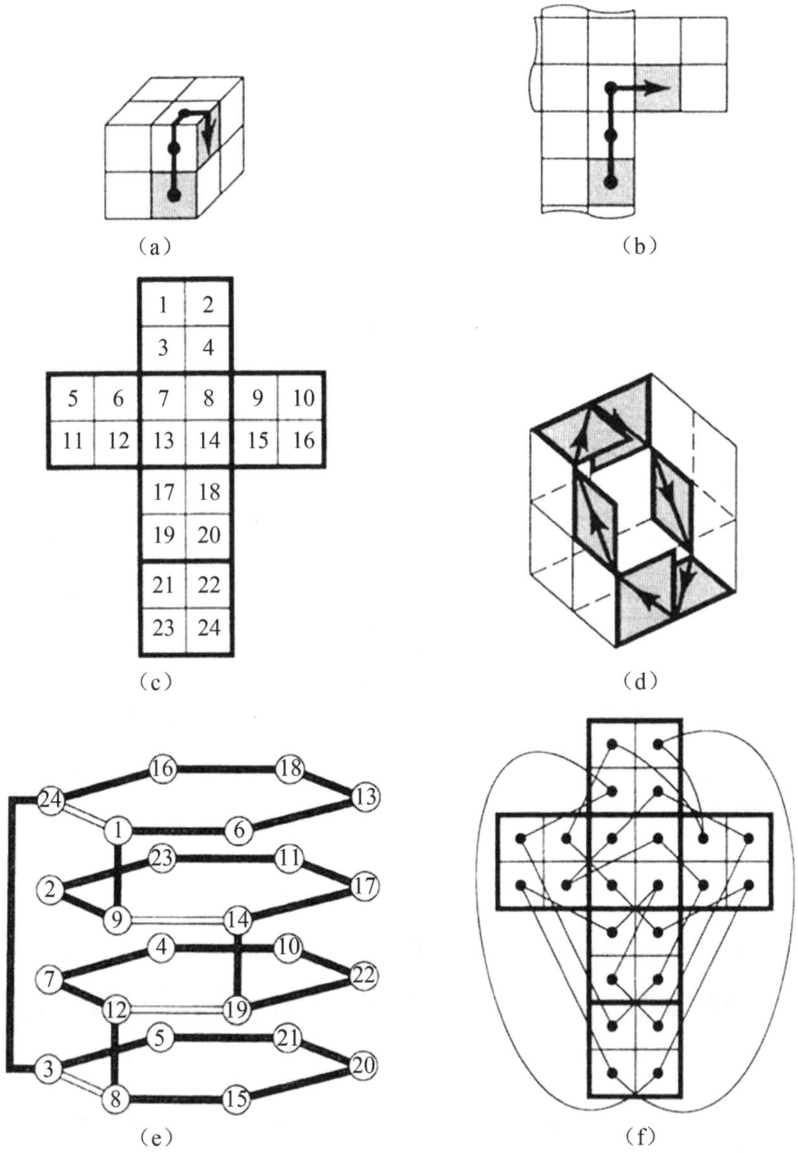

瓷砖与缠结的数学

图 7.5

(a) 在立方体表面上走马步;(b) 展开图显示了"神奇步";(c) 以数字标记立方体棋盘的格子;(d) 切割立方体得到的"神奇六边形";(e) 由 4 个"神奇六边形"组合而成的 2×2×2 立方体棋盘上的马的遍历闭路;(f) 在立方体的展开图上展示马的遍历路线

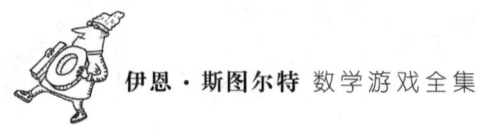

"因此,尽管 2×2×2 的立方体棋盘的空间十分有限,但仍然存在马的遍历闭路。不过,1×1×1 的立方体想必空间实在太小了,不可能实现马的遍历吧?并不是这样!这里就要讲到另一种'超级神奇步'了。这一次,马可以跳到任意一个相邻格子。在一个 1×1×1 的立方体上,马实际上可以像车一样移动!在'超级神奇步'的加持下,马的遍历路线是如此易如反掌,我连示意图都懒得画了!"

听完梅林的全部解释后,亚瑟王终于将目光投向了兰哈洛特爵士,询问他带来的重要消息是什么。

"陛下,我想说的是隆尼沼泽出现了一群蛇怪,被这些蛇怪凝视的生物会变成石头。大量佃农正在逃离那里,但其中许多人恐怕凶多吉少。"

亚瑟王沉默片刻。兰哈洛特爵士无奈地说:"无论如何,现在已经太晚了。"

"算了,"亚瑟王说,"反正还有很多佃农。"

"陛下说得对。但蛇怪还把两万头羊石化了……"

亚瑟王决定派出一队骑士,悄悄地把石羊扔进海里。但为了不让百姓注意到此事,他迫切需要能转移百姓视线的东西。因此,他命令梅林举办一场盛大的"国际象棋锦标赛"。当然,他的决策非常奏效,石羊的问题就这样在百姓们毫无察觉中解决了,仅有个别百姓发现海平面神奇地升高了一些。

当然,亚瑟王下令举办的"国际象棋锦标赛"也非常成功。谁又敢反驳国王呢?不过,尤瑟·潘德拉贡的比武竞技场在赛后会被清空。据说,这是为了给新的斗兽场腾位置,而这批斗兽可是由卡普斯坦爵士东征带回来的战利品呢!亚瑟王认为斗兽场应该有个新的名字来匹配,但一时想不到合适的。于是,他下令悬赏半顶纯金王冠作为奖品,授予为斗兽场想到合适名称的人。

当然,他还需要为"国际象棋"找到合适的棋盘。不过,这个问题并不大,人人都听说过亚瑟王的圆桌。然而,亚瑟王非常满意他发明的(他是这么说的)"国际象棋",决定把原本的圆桌换成8×8格子的方桌。梅林觉得自己的创意被抄袭了,心中不爽。于是,他在桌子上偷偷施了一个咒语,把棋盘的对边似有若无地连在了一起。当然,此时的他并不知道,他这样做会在拓扑学中构建出什么。

拓扑学家通过弯曲平面并将其边缘粘在一起的方式,构建出各种不同的曲面。例如,将长方形纸条的两端粘在一起,可以得到一个圆柱。而如果将纸条先扭转后再把两端粘在一起,那么得到的将是默比乌斯带。如果将纸条的所有对边都粘在一起,得到的会是环面。而如果其中一对对边发生了扭曲,那么粘在一起后得到的就是神奇的克莱因瓶——克莱因瓶没有"内部"和"外部"之分,也没有"边",它只有一个面!这些形状参见图7.6。

从数学角度来讲,你甚至不需要做出扭曲、粘贴的实际动作,只要运用想象就可以。你只需想象特定的边缘是相邻的,然后计算如何沿着边缘移动就行了。于是,长方形纸条在某种意义上保持"处于同一平面"的状态,你可以用正方形瓷砖完美地铺满它,即使通常情况下绘制环面等曲面时会显示出它们是弯曲的。这种状态下的长方

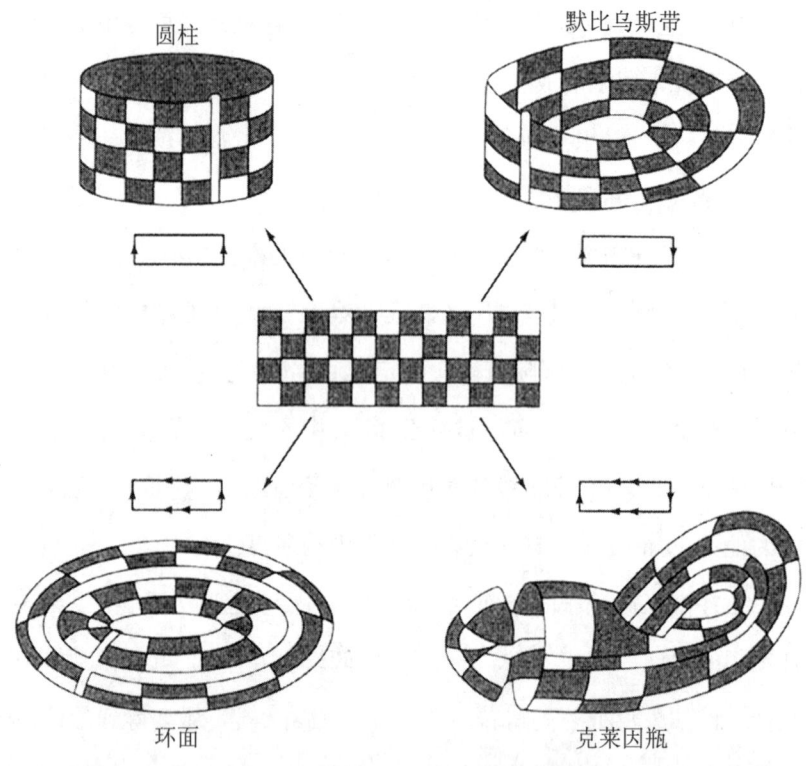

图 7.6 长方形纸条的粘贴

形构成了一个平坦的环面。因为环面可以是平坦的,所以我们可以在长方形纸条上标出棋盘,并思考在圆柱、默比乌斯带、环面和克莱因瓶上的马的遍历路线。

亚瑟王对他的新桌子的几何形状有些困扰,但梅林告诉他:这是邪恶的巫师用魔咒制作而成的。(当然,他没有说谎,只是小小地误导了国王而已。)如果他想不到破解咒语的方法,那么这张桌子就会一直如此。只要国王愿意出资 5000 金币,那么他就有足够的经费来研究这一课题,而且所有参与这个研究的人都会因为思考圆柱、默比乌斯带、环面和克莱因瓶的奥秘而提升智力。

盖乐斯爵士几乎立刻就遇到了想不明白的问题。有一天,他告诉梅林:"我实在想不明白克莱因瓶是怎么制作出来的,除非它能自己穿过自己。"他语带歉意地补充道:"这听上去很扯。"

梅林非常同意这一点:"除非克莱因瓶能自己穿过自己,否则它在三维空间里是不可能制作出来的。"不过,他又严肃地补充道:"但这并不妨碍我们在克莱因瓶上思考马的遍历问题。"

"为什么不妨碍呢?"亚瑟王问道。

"我们会看到的,"梅林神秘地说道,"但是让我们先从圆柱开始。为了让马的遍历路线更加形象,我将在每个边缘处放置由单元格组成的'幽灵副本',并假设相应的单元格与原始长方形中的单元格相同。马可以跳到'幽灵副本'的单元格上,但必须立即重新出现在原始长方形的相应位置上[见图7.7(a)]。在一个$2\times n$的圆柱或默比乌斯带上,仅当n为奇数时才可能存在马的遍历路线。在$3\times n$和$5\times n$的圆柱上,利用一种简单重复的模式,总是存在马的遍历路线。此外,多个这样的圆柱可以在边缘处相连,并通过在适当的位置断开并重新连接马的遍历路线来合并它们[见图7.7(b)]。这个圆柱的高度可以是任何形式为$3a+5b$的数值。只有数字1、2、4、7不是这种形式,因此我已经证明,对于除了1、2、4、7之外的所有m,马的遍历路线在$m\times n$圆柱上都是存在的。在$1\times n$的圆柱上不存在马的遍历路线,而我之前已经讨论过$2\times n$的圆柱的情况。"

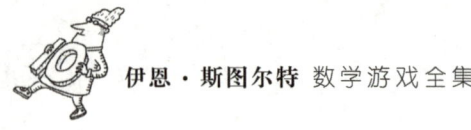

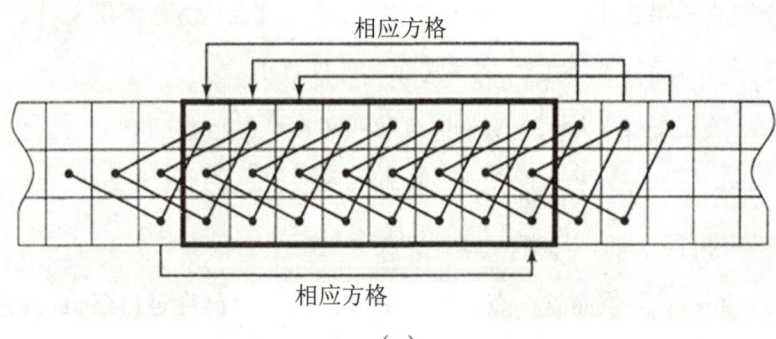

(a)

(b)

图 7.7

(a) 通过在圆柱两端添加"幽灵副本"并对相应方格进行等同认定的方式,可将圆柱面上的探索路径可视化;(b) 通过适当改变平行四边形处的连线,可以把几个圆柱面上的探索路径合并到一起

"那另外两个怎么办?"兰哈洛特爵士问道。但梅林早有准备,他给出了一个深受那些一时想不起问题答案的、处境窘迫的数学家喜爱的回答。"作为练习,我把 $4×n$ 和 $7×n$ 的圆柱的情况留给你们去思考,"他神气十足地说道,"还有默比乌斯带的类似问题也一并留给

你们了。"

"就我个人而言，"兰哈洛特爵士说，"我宁愿用牙签去攻击一窝龙。"但也许有更孜孜不倦的读者愿意一试？

此时的梅林已经完全打开了话匣子，根本停不下来。

"关于环面上的马的遍历问题，"他说道，"也可以通过在原始图形旁边放置'幽灵副本'的方法来直观呈现。虽然在 4×4 的正方形上不存在马的遍历路线，但在 4×4 的环面上却存在马的遍历闭路。在 4×4 的圆柱上也存在马的遍历路线，但并不是闭路。要明白其中缘由，我将再次使用'纽扣绳子法'。对于 4×4 的环面来说，最终得到的图恰好与超立方体［立方体在四维空间中的类似物，见图 7.8(a)］的顶点和棱边完全相同。4×4 环面上的马的遍历路线实际上就是一个四维空间里的遍历路线！从这个图中很容易就能找到一条哈密顿回路(指经过图中所有顶点一次且仅一次的回路)，从而得出粗线所展示的马的遍历闭路。"他停下来喘了口气，但还没等别人插上话，他又接着说了起来。

"对于 4×4 的圆柱来说，其图与环面类似，不过有几条棱边被去掉了。超立方体的顶面和底面保持完整，但只剩下 4 条垂直的棱边［见图 7.8(b)］。我有一个巧妙的证明，可以说明不存在马的遍历闭路——让我给你们讲讲吧。"米格林女士呻吟了一声，可梅林假装没听见。

"我按照如图所示的方式，给对应方格 5、7、10、12 及 6、8、9、11 的纽扣涂上阴影。请注意，从白色纽扣出发的任何一步都必定会落

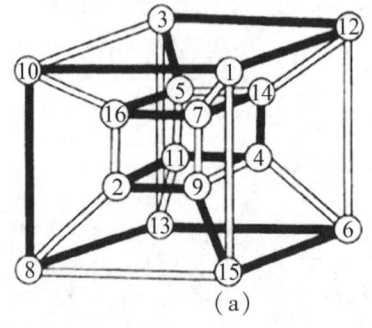
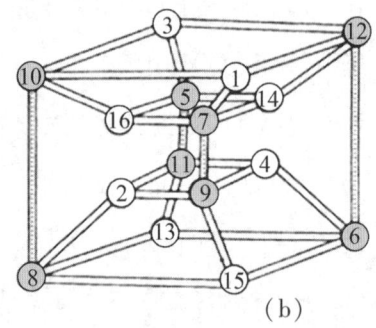

图7.8

(a) 围绕"幽灵副本"的4×4环面、相应的超立方体图和产生马的遍历路线的哈密顿回路(粗线);(b) 4×4圆柱加上"幽灵副本",阴影纽扣用于证明不存在马的遍历闭路

在有阴影的纽扣上。大多数从有阴影的纽扣出发的步子都会落在白色纽扣上,但有4个例外情况。这4个例外就是垂直连线5—11、7—9、10—8和12—6。如果存在马的遍历闭路,那么它必定要经过每一个纽扣。这里有8个白色纽扣和8个有阴影的纽扣,而且每个白色纽扣后面必定跟着一个有阴影的纽扣。因此,颜色必须交替出现。然而,要从超立方体的顶面到达底面,我们必须使用这4条例外连线

中的一条,而在这些连线上颜色并不会改变。这样一来,就不可能让颜色交替出现了,所以不存在马的遍历闭路。不过,非闭路的马的遍历路线是存在的。而且,同样的涂色方法表明,它们必定起始和终止于白色纽扣,一个在顶面,一个在底面。"

在盖乐斯爵士闻名于周边六国的响亮的鼾声中,梅林又研究起了关于克莱因瓶的对应问题,这里需要将"幽灵副本"的交替列倒置。他详细解释了为什么在很多情况下,这并不"更难"。例如,如果马在一个普通的 $m×n$ 长方形上存在遍历路线,那么当长方形的边缘粘在一起时,相同的遍历路线同样有效。因此,例如 6×6 棋盘上马的遍历路线也可以解决 6×6 的圆柱、默比乌斯带、环面和克莱因瓶的问题。出于类似的理由,如果在一个卷成圆柱形状的 $m×n$ 长方形上完成马的遍历路线是可能的,那么在具有相同尺寸的环面和克莱因瓶上完成它也是可能的。

"现在,在四维空间中——"

兰哈洛特爵士高声嘶吼并逃离了房间。

"你要去哪里?"国王对着他的背影喊道。兰哈洛特爵士停下脚步转过身来。

"我突然想起有个紧急会议,"他说,"我得去找——嗯——那个……"

盖乐斯爵士被吵醒了,扯着嗓子喊:"圣杯!是圣杯!这也是我要找的!这太巧了!等我!"他们一起沿着院子里的石板路落荒而逃,从杂乱的脚步声和叮当的环佩声响中不难想见他们有多匆忙。

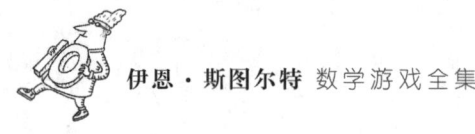

"好吧,"米格林女士讥笑道,"我早就知道盖乐斯是靠不住的!我打赌他又去帮助别的什么落难少女了!"

"为什么?那个可恶的……"

很显然,米格林女士马上就要开始她的长篇大论了。亚瑟王无助地看着梅林,而梅林已经捂住了耳朵。就在他快要忍不住使用"焊尔之唇,使汝无声"这个不是很有把握的咒语时,宫廷守门的仆役吹响了号角,一个身穿黑色盔甲的高大身影踏入宫殿,并在国王面前俯身行礼。

"陛下,我有一件事需要请求您的批准。"

"起来吧,佩里马森爵士。你有什么请求?"

"是关于您的悬赏榜文的,那则为聚集斗兽所建的斗兽场征名的榜文。"

"啊,"国王说,他已经忘了所有这些,"好吧,快说说看!你想到什么名字了?"

佩里马森爵士清了清嗓子。"卡默洛特①。"他说。

---

① 传说中,梅林和亚瑟王的故事发生于卡米洛特(Camelot)王国,而佩里马森爵士想到的名字是卡默洛特(Camel Lot),意思是骆驼乐园,这既是符合斗兽场用途的名字,也与卡米洛特王国的名称发音相近。——译者注

答　案

1. 任何马的遍历闭路必须到达相同数量的黑色和白色方格。因此,在5×5或7×7的棋盘上,或者任何总方格数为奇数的棋盘上,都不可能存在马的遍历闭路。

2. 在图7.3的不规则八边形棋盘上不可能存在马的遍历路线。当像标准国际象棋棋盘一样交替地用黑色和白色对方格着色后,观察马的移动,你会发现每次移动它都会改变所在方格的颜色。因此,想要满足条件,黑色方格和白色方格的数量要么正好相等,要么黑色方格比白色方格正好多或少一个。然而,图7.3中的棋盘上面有32个黑色方格和37个白色方格。因此,在这个棋盘上,马的可能的最长路线会访问65个方格,其中32个是黑色方格,33个是白色方格,并且路线的起点和终点都在白色方格上。

3. 在一个4×4的棋盘上,最长的路线可以访问15个方格,例如:1—7—16—10—3—5—14—12—6—4—11—2—8—15—9。

4. 在一个 3×7 的长方形棋盘上有马的遍历路线，其开始或结束的方格必须是从角落沿对角线向内移动一格的位置。

5. 图 7.9 展示了一条在立方体棋盘表面上的马的遍历路线，另外还有很多其他的解法。

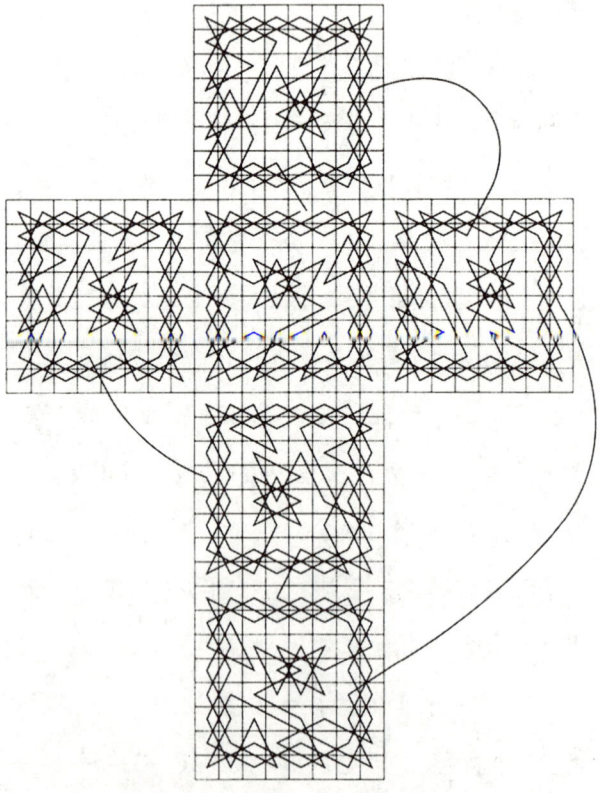

图 7.9　立方体表面的遍历路线(亨利·杜德尼)

第 8 章
缠结的数学

我坐在一辆破旧的公共汽车上，沿着去弗拉斯卡蒂的山路颠簸。我与艾莲娜和恩里克·玛卡洛尼相约，去恩里克的兄弟的葡萄园里聚会。恩里克介绍我认识他的兄弟阿尔贝托·玛卡洛尼，之后的事实证明他们有着别样的目的。我被邀请是因为我的数学专长。我们打趣地商量了一个"咨询费用"，它是按整箱葡萄酒结算的，而我非常喜欢弗拉斯卡蒂葡萄酒。

"那么，阿尔贝托——有什么问题吗？"

"特罗尔德戈葡萄酒。"阿尔贝托说。

"抱歉，我听不懂……"

"内比奥罗、特雷比亚诺、马尔瓦西亚、莫斯卡托、阿列蒂克、桑娇维塞。"他接着说。

"什么？"

"这些都是葡萄品种。我有 7 种葡萄要测试，看哪一种可以酿造出最好的酒。我想在山上的地块上种植它们。不幸的是，山坡很窄，每块土地上只能种植 3 种葡萄。然而，我想要让不同的土壤和不同的光照强度对实验的影响降到最小。"

对此，我表达了完全的理解："非常明智的想法，良好的实验设计非常重要，可以消除误差。"

"没错。我制定了一些要求，相信可以实现这些目标。"他拿出一张纸在手里挥舞着，纸上写着：

7种葡萄要被分别安排在不同的地块里。每个地块里应该恰好有3种不同的葡萄。以下条件必须满足：

a. 任意两块地都恰好有一个相同品种；

b. 任意两个品种都恰好出现在一个共同地块里。

"非常清晰明了，"我告诉他，"那么还有什么问题？"

"不管怎么安排，我都无法同时满足这两个条件。"他说。

我没有说什么，但心里揣测他应该再多试几次。尊敬的读者，请你在继续往下读之前，试试看能不能找到合适的种植方案。

"别担心，"我说，"有我斯图尔特在，你遇到的问题就交给我来解决吧！"

"太好了！"阿尔贝托说。

"太棒了！"艾莲娜大叫，"我的朋友，你终于开始有点用处了，不再那么热衷于叽叽歪歪地谈论那些愚蠢的防护排水沟。"

"那是射影平面，艾莲娜。"①

"我就是这个意思。感谢上帝，你的问题与几何无关！这个疯子会在你脑海中塞入无穷大的平行线，让你看到可以看成直线的圆和

---

① 艾莲娜把"projected plane"（射影平面）听成了"protected drain"（防护排水沟），所以才有此抱怨。——译者注

仅有一个面的表面！"她把头转向我,说:"现在,斯图尔特,请告诉我们你的答案。"

"我很抱歉,但是……"我说。

"哦,不要这样。"

"它——呃——确实涉及射影平面,"我说,"有限的射影平面。你看,这是一个几何问题,但它涉及有限数量的点。"

艾莲娜不悦地对着空气抱怨:"一点没变,他又开始说胡话了。"但我决定维持我的尊严,继续说下去。

"你的这些条件非常类似于射影几何中的情况,"我说,"假设我用'线'代替'地块',用'点'代替'葡萄品种',那么你给出的条件就变成了:

7个点要排成几条线,每条线恰好包含3个不同的点。

以下条件必须满足:

a. 任意两条线有且仅有一个公共点;

b. 任意两个点恰好在一条共同的线上。

你看,这是几何学。"

"嗯,但是葡萄,虽然它们小而圆,但却不是点。而且,即使是长而窄的地块,也不是一条线。"

"的确。但没关系。我们谈的是对象排列的抽象性质,而不是物体本身。从逻辑上讲,我们称呼它们的名称并没有区别。正如著名的德国数学家希尔伯特(David Hilbert)所说,几何学的逻辑结构应该在用'杯子''椅子''桌子'等词替换'点''线''平面'时同样有意义。名称并不重要。"

"'等腰手风琴烟囱上的企鹅是相等的……'是的,的确是闻所未闻的新鲜玩意儿。"

"从逻辑上讲,名称并不重要。但是在心理上,几何名称会让我们想到真正的几何对象。这里涉及一种几何形式,其中没有平行线。任意两条线都有公共点。这个条件在欧几里得几何中是不成立的,但在射影几何中是成立的。"

我看到阿尔贝托眼中的怀疑,匆忙补充道:"这种几何形式起源于意大利。它的起源可追溯到透视规律的发现者布鲁涅内斯基(Brunelleschi)……还有阿尔伯蒂(Leon Battista Alberti)。"我补充道。

阿尔贝托眼中的怀疑渐渐消失了。"不过,"他又说,"欧几里得(Euclid),他是希腊人,对不对?在我们解决意大利问题时需要意大利几何学。"意大利的文化在某种程度上说服了他,而与他名字相近的那个人①则彻底说服了他。

"天哪,"艾莲娜低声说,"别让他谈到施泰纳(Steiner)的罗马曲面,否则他又会重新开始那些无聊的话题了!"

"别担心,亲爱的艾莲娜,"我说,"有限射影平面是组合数学的一个分支,不是拓扑学。阿尔贝托,让我画出你那个问题的答案。"然后,我画了一张图(图8.1)。

"非常有趣,"阿尔贝托说,"但有一条线是弯的。"

---

① 阿尔伯蒂与阿尔贝托名字相近。——译者注

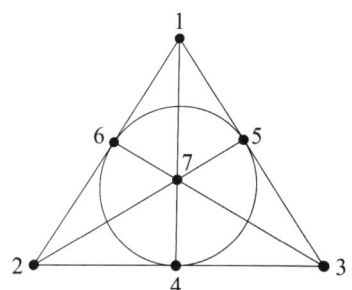

图 8.1 射影平面

恩里克抗议道:"我没有看出来……"

"抱歉,让我根据问题原本的表述来解释一下这张图。如果我列出每条线上的点的三元组,得到的是这个:

$$1\ 2\ 6$$
$$1\ 3\ 5$$
$$1\ 4\ 7$$
$$2\ 3\ 4$$
$$2\ 5\ 7$$
$$3\ 6\ 7$$
$$4\ 5\ 6$$

"在这里,数字 1 到 7 分别代表了葡萄的 7 个品种,列表中的 7 行表示山坡上的 7 个不同区域,每个区域包含 3 个品种。如果您仔细检查一下,您会发现您提出的两个条件都成立。

"'a. 任意两块地都恰好有一个相同品种。'例如,第一块地和第二块地分别是 126 和 135,它们恰好有相同品种 1。又如,234 和 456

地块恰好有相同品种4。以此类推。这可以对应于两线交会的点,如表8.1所示。

表8.1 两线交会的点

第一条线		126	135	147	234	257	367
第二条线	135	1					
	147	1	1				
	234	2	3	4			
	257	2	5	7	2		
	367	6	3	7	3	7	
	456	6	5	4	4	5	6

"'b.任意两个品种都恰好出现在一个共同地块里。'例如,品种1和5同时出现在地块135中,而不在其他任何地块中。品种3和6只同时出现在地块367中。这可以对应于连接两点的线,如表8.2所示。

表8.2 连接两点的线

第一个点		1	2	3	4	5	6
第二个点	2	126					
	3	135	234				
	4	147	234	234			
	5	135	257	135	456		
	6	126	126	367	456	456	
	7	147	257	367	147	257	367

"事实上,我列出的这两张表,可以检查所有可能的组合。"

"但是弯曲的线……"

"这里只能用缠在一起的曲线来示意,因为这些'点'和'线'不是真正的点和线,它们是不同的葡萄品种和土地区块!看一下这个列表,它能够成立!你真的在意这线是直的还是弯的吗?"

"大概不吧。"

"但这张图很有用,"我说,"比列表容易记忆得多。而且你不用翻看表格就能看出来,它满足三个条件。"

"对,太好了。我现在就打电话,告诉皮格罗立刻开始种植。哦,你介不介意我打电话给维托里奥表弟?他有一个和我类似的问题,也许你也能帮他解决?"

"越多越好,"我豪爽地说,"只要支付费用的数额和质量相当!"

"太好了!在我们等维托里奥过来的时候,让我给你端上一杯来自蒙特菲亚斯科内的葡萄酒,它拥有所有葡萄酒中最奇怪的名字!"他走开了一会儿,带回了一瓶酒。我看着标签。

"Est Est Est 是一种什么名字呢?"我问道。

"这瓶酒,我非常遗憾地说,最值得记住的就是它的名字,"阿尔贝托说道,"但在炎热的夏日里它还是可以喝的。许多年前,一位名叫福格尔的牧师前往罗马,他提前派了一个仆人去查找哪些旅馆的设施最好(他指的是酒,因为所有的床都很硬,所有的食物都难以下咽)。仆人会在可以住的旅馆门上用拉丁文单词'est'(意为'是')来表示,在不能住的旅馆门上则用'non est'(意为'不是')来表示。有一天晚上,这个仆人疲惫地来到了蒙泰菲亚斯科内,身上看上去非常肮脏。但当他点了红酒时,酒吧员工误给了他一瓶好酒。他对此

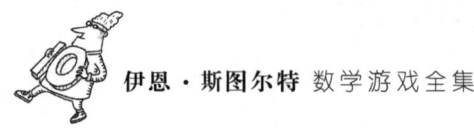

印象非常深刻,就在那家旅馆的门上写了'Est!Est!Est!'。"

"快别开玩笑了。"

"不,真的,我说的每个字都是真的——好吧,大部分是真的。仆人不仅发明了这个酒的名字,他还发明了三星级酒店评级!"一个声音让他转过身来。"啊哈!是维托里奥表弟来了!"

经过了许多拥抱和拍背之后,我们开始了正式的谈话。原来维托里奥也有一些葡萄要测试。

"但是我有13个品种,而不是7个。而且我的地块更大:每个地块可以容纳4个不同的品种。但是我仍然希望阿尔贝托的两个规则得以保留。"

"太好了。"我边说边迅速思考:13个点,按照每条线4个点的方式呈现,每两条线都汇聚于一个唯一的点,每两个点都位于唯一的一条线上。这就是另一个射影平面的结构!

我告诉他们,我能解决这个问题。"但是,"我决定为自己争取一把,"只有在你们允许我按正确的方式解释的情况下,我才会告诉你们。我想要解释答案从何而来,以及它是什么。"

"为什么?"

"首先,因为没有原因的答案只是魔法,而不是数学。其次,因为知道为什么答案是那样的可以帮助你今后解决类似的问题。这一点,你们同意吗?"

"同意。"维托里奥说。艾莲娜叹了口气,阿尔贝托又叫来了另外12瓶Est Est Est酒。

这将是一个悠长的下午。"我们从最常见的欧几里得平面与射影平面之间的联系开始讲起。要得到射影平面,需要在欧几里得平面上添加一条额外的'无穷远直线',该直线上的每个点对应欧几里得平面上的一个方向。如果一组平行线指向同一方向,它们被认为会穿过并且汇聚于对应的无穷远直线上的一个点上(图 8.2)。好了,维托里奥,到目前为止你理解吗?"

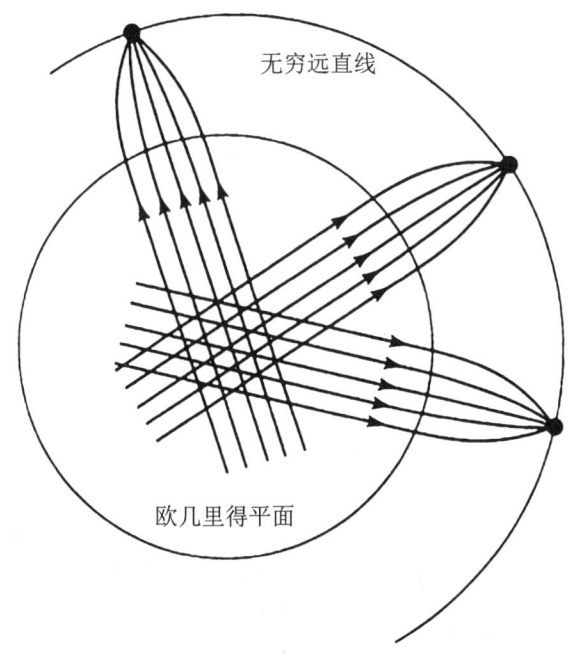

图 8.2
通过在欧几里得平面上添加"无穷远直线",对其进行射影平面的构造,这些点与平行线集合相对应

"我想大概是这样吧。"

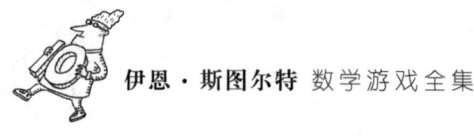

"很好。现在,我们可以用两个实数坐标 x 和 y 来对应欧几里得平面上的点。事实上,你会得到一个由两个数字 x 和 y 标记的坐标系。

"要得到一个有限的射影平面,我们首先要得到一个有限的欧几里得平面。实际上,这有一个专门的术语,叫仿射平面。我们可以通过选择不同于实数的坐标来实现这一点。例如,我们可以只使用两个坐标值 0 和 1。这给出了 4 个点,它们分别是 (0,0)、(0,1)、(1,0) 和 (1,1)。将这 4 个点相连,可以得到一个正方形,见图 8.3(a)。

"现在我们需要确定图中的'直线'应该是什么。在这种情况下,很容易确定正方形的边和对角线,见图 8.3(b)。现在,我们通过添加一条'无穷远直线'来模拟实际射影平面的构造。正方形的顶部和底部是'平行'的,它们不相交。因此,我们在每个方向上添加一个'无穷远点'。同样,对于左右两侧也是如此。对角线形成了第三对'平行线'。"

"但是它们相交了!"恩里克抗议道。

"没有在格子上相交,"我说道,"在这个平面上只存在数字 0 和 1。对角线相交于 $\sqrt{2}$,所以这并不算数。既然它们没有在网格上相交,我就认为它们是平行的。"

"那么……"

"稍后我会让它看上去不那么随意。无论如何,这 3 组平行线提供了 3 个额外的点,形成了一条新的线(在无穷远处),并且我们得到了一个有 7 个点和 7 条线的系统,见图 8.3(c),我们以前见过它,只不过是以不同的形式绘制的。如果你比较点上的数字,你会发现它与我们第一次得到的线的列表是相同的。"

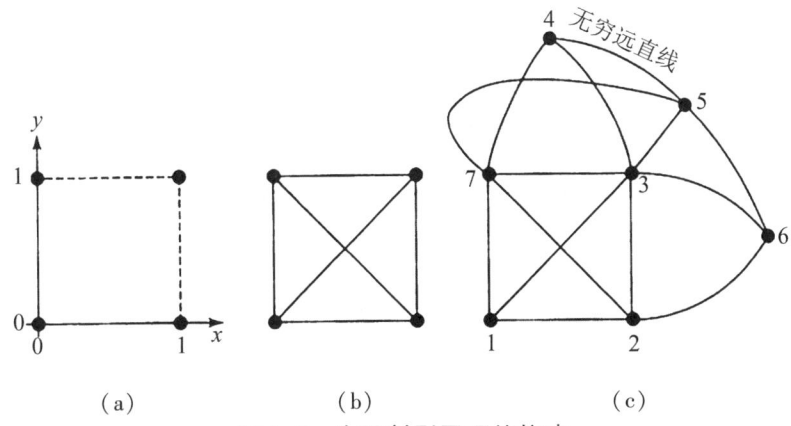

图 8.3 有限射影平面的构建
(a) 初始网格是欧几里得平面的有限模型,仅使用 0 和 1 作为坐标;
(b) 网格中的直线;(c) 在无穷远处添加一条线,网格中的每组平行线都在该线上对应一个点

"太好了!"阿尔贝托喊道,"我觉得是这样。"他又补充道。

"实际上,要想明白为什么我们把对角线看作'平行的',你得想象正方形的对边'环绕起来'。"我说。

"是的,但是……"

"为什么要环绕起来像缠结一样?这是个漫长的故事:齐次坐标和有限域——"

"这是葡萄园,不是农田!①"

"不用激动,维托里奥!'域'是一个技术术语,意味着你可以在

---

① 这是一个双关语,"域"与"农田"的英文都是 field。——译者注

其中加减乘除,同时保持所有代数法则。欧几里得平面中的坐标是实数。你可以通过将坐标相加和相乘来获得其他实数。此外,在坐标几何中,判定两条直线平行的条件涉及代数结构,因此几何和代数之间存在联系。

"如果你想在只包含 0 和 1 的坐标系中建立类似的连接,你必须坚持要求所有的求和结果和乘积结果都限制在 0 和 1 之间。很显然,我们有:

$$0 \times 0 = 0$$
$$0 \times 1 = 1$$
$$1 \times 1 = 1$$

或者

$$0 + 0 = 0$$
$$0 + 1 = 1$$

但是 $1+1 \neq 2$,因为这将超出 0 和 1 的集合。因此,你必须同意 $1+1=0$。"

"为什么?"

"唯一的其他可能性是 $1+1=1$,但是你可以在两边减去 1 得到 $1=0$,这很荒谬。"

"哦,当然,确实荒谬。但是 $2=0$ 很合理。我为什么没有看到——"

"这个系统里没有数字 2。"维托里奥看起来不开心。

"你是在说 $1+1=2$ 不是'常规代数法则'之一吗?"

"对于实数系统来说它是常规的,但对于其他系统来说不是。如果你愿意,可以把 0 理解为'偶数',把 1 理解为'奇数'。你看,奇数+奇数=偶数,因此 1+1=0 是正确的。"

"疯了。"艾莲娜边说边用手指轻敲着头。

"不,我说的是有限域的代数学,"我说,"但现在不是谈论这个的时候。我只想让你相信,在有限网格上画直线的方法是让它们'环绕'。"

"2×2 的网格布局过于简单,以至于存在误导性。如果我们从一个水平坐标为 0、1 和 2 的系统开始,那么一切都会变得更加清晰。然后我们会得到一个 3×3 的网格点阵,见图 8.4(a)。这对应于一个具有三个元素 0、1 和 2 的有限域,其中的加法和乘法是通过'模 3'的方式进行定义,也就是把 3 的倍数抛弃掉(取除以 3 后的余数)。因此有 1+2=0,2+2=1,2×2=1 等。

"这种数字系统从 3'环绕'到 0。同样,网格中的线条也是环绕的。它们是以三条'平行线'的形式组成的,见图 8.4(b)。显而易见的是水平线 123、456、789 和垂直线 147、258、369。但是还有两组——那些环绕而行的——向一个方向倾斜的'断对角线'是 159、267、348,向另一个方向倾斜的'断对角线'则是 753、429 和 186。"

"有关不同斜率的线条呢?例如从 1 到 6 的这条线?它既不是水平的,也不是垂直的,也不是对角线!"

依我所见,维托里奥肯定是开始懂了:"如果你继续延伸那条线并将其环绕,你会发现它经过点 8。它只是伪装过的对角线 186,见图 8.4(c)。

"现在你所需要做的就是在无穷远处添加一条包含 4 个点(10、11、12、13)的'无穷远直线',其中每个点与一个并行集对应。这样你就得到了一个包含 13 个点的射影平面,见图 8.4(d)。接下来你可以列出一个由 13 组数字组成的清单,每组数字中包含 4 个不同的葡萄品种,这样你就可以解决维托里奥的问题了。"

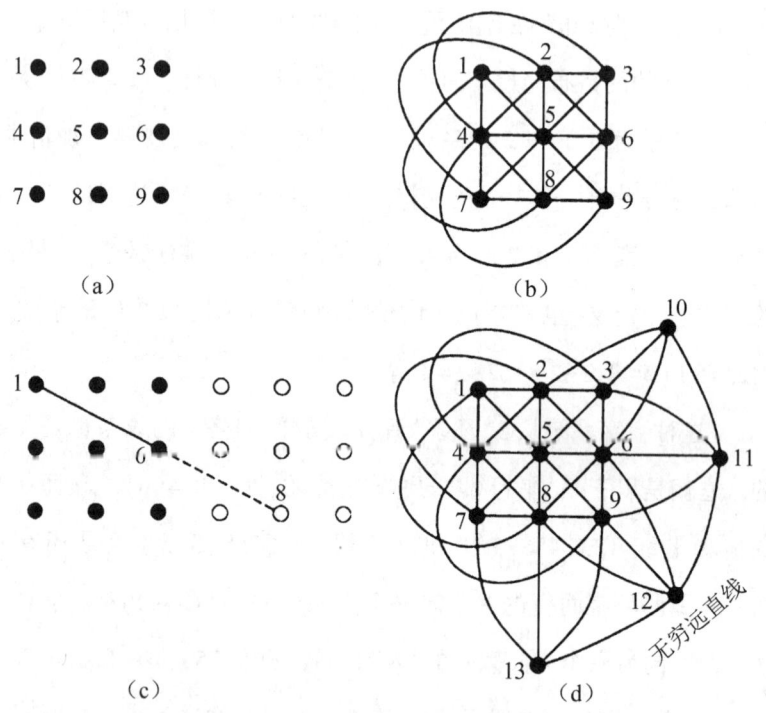

图 8.4　构建一个有限射影平面
(a) 从一个 3×3 的网格开始;(b) 四组平行线;(c) 从 1 到 6 的连线不是新的,因为环绕它的延伸线段还包括点 8,但 186 已经被包括了;(d) 大功告成

我按照每组三条"平行线"所确定的 4 个方向将它们分成了 4 个部分,并将无穷远处的直线放在了最后。

1	2	3	11
4	5	6	11
7	8	9	11
1	4	7	13
2	5	8	13
3	6	9	13
1	5	9	12
2	6	7	12
3	4	8	12
7	5	3	10
4	2	9	10
1	8	6	10
10	11	12	13

（无穷远直线）

"太神奇了！"维托里奥说，"让我也试一下！我要从 4×4 的网格开始！"

"哎呀，不，你——"

"我能行的！不要打扰我，我很快就会解决的……"

两小时后，太阳开始落山，维托里奥的眼神透露出呆滞。

他最终说："我做不到。我要么在线上得到太多的点，要么无法通过点得到足够的线。看，如果我让线绕过封闭曲线的话，我就可以找到不同的线相交于两个点而不是一个点！（如图 8.5 所示）"

"我刚才就想告诉你的，"我说，"在 4×4 的网格上应用同样的思路是不行的。你无法使'平行线'的集合表现得合理。而这实际上是因为：4 不是素数。你必须使用一个尺寸为素数的正方形网格，而且

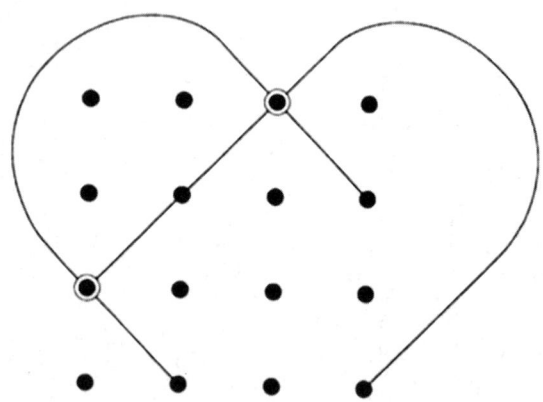

图 8.5 遇到问题的网格:这里有两条线在多个点相交

任意素数都可以。因此,你可以从 5×5 的网格开始,获得每个包含 5 条'平行线'的 6 个集合,并最终得到一个包含 31 个点,按 6 条线排列的射影平面。"

瓷砖与缠结的数学

问　　题

维托里奥迅速画出了 5×5 网格的射影平面。你可以吗?

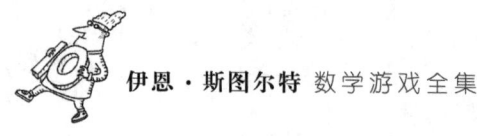

"这些数字是哪儿来的呢?"阿尔贝托问道。

"哦,这是普遍规律。你看:

$$7 = 2^2 + 2 + 1$$
$$13 = 3^2 + 3 + 1$$
$$31 = 5^2 + 5 + 1$$

这不是巧合。如果你有一个阶数为 n 的射影平面,那么就意味着每条线上有 $n+1$ 个点,且总点数必须为 n^2+n+1(参见'射影平面的数学')。"

射影平面的数学

假设射影平面中的每条线都包含 $n+1$ 个点。取任意一条线 l 和不在该线上的任意一点 P。

把点 P 连接到 l 上的每个点(图8.6中的黑点),得到不同的 $n+1$ 条线。每条线都包含点 P、l 上的某一点和其他 $n-1$ 个点。因此,我们在 l 上获得了 $n+1$ 个点、1个点 P,并且从 l 到点 P 的线上有 $(n+1)(n-1)$ 个点(图8.6中的白点)。把这些加起来就是 n^2+n+1。

我们现在需要证明在射影平面上没有其他点。如果 Q 是任意一点,那么就存在一条经过 P 和 Q 的直线 m。此外,直线 m 和直线 l 必然相交,设交点为 R。那么点 Q 位于点 P 与点 R 的连线上,而点 R 又是直线 l 上的点。

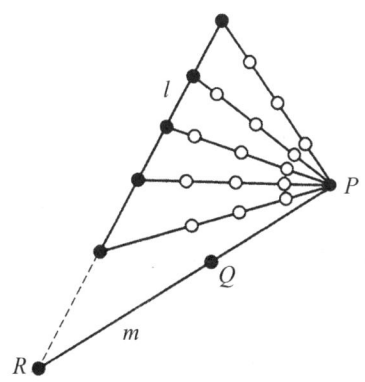

图 8.6 射影平面上的点

~~~~~~~~~~~~~~~~~~~~~~~~~~~

"我说的网格方法只有在正方形大小(即阶数)为素数时才行得通。实际上,这种方法可以推广到任何阶数为素数幂的射影平面上。这是因为存在所有素数幂大小的有限域。因此,存在阶数为 2、3、4、5、7、8、9、11、13、16、17、19 等的射影平面……即使你无法从 4×4 的网格中直接获取 4 阶平面,但通过从 16 个点的稍微不同的排列开始,你仍然可以得到一个 4 阶平面。"

"其他的阶数呢?"艾莲娜问道,"比如 6。"

"现在连你都开始对此感兴趣了,是不是?"

"确实比我以为的要好多了,这比你坚持推销给我们的那些蠕动的冲浪男孩①要好得多。"

---

① 艾莲娜把 Boy's surface(博伊曲面)听成了 boy surfers(冲浪男孩)。——译者注

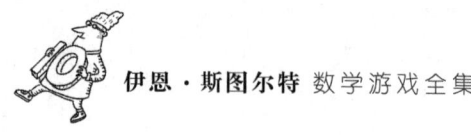

"是'博伊曲面',艾莲娜。但有限射影平面确实具有一定的魅力。言归正传,你问到了其他的情况,例如阶数为 6、10、12、14、15、18、20 等时候的情况。这些非常有趣。

"大约在 1900 年,人们知道不存在阶数为 6 的射影平面。这意味着你无法将 43 个点按照每条线 7 个点进行排列,同时满足每两条线都相交于唯一的点,以及每两个点都位于唯一的线上的限制条件。如果维托里奥有 43 个葡萄品种要测试,并且每个测试地块只能容纳 7 个品种,他就要倒霉了。1949 年,布鲁克(R. H. Bruck)和赖瑟(H. J. Ryser)证明了有关有限射影平面不存在的唯一已知的一般结果:如果阶数 n 满足 $4k+1$ 或 $4k+2$ 的形式,并且 n 不是两个完全平方数的和,那么不存在阶数为 n 的射影平面。例如,14 等于 4 乘 3 加 2,并且不是两个平方数的和,所以排除了 14。布鲁克-赖瑟定理也排除了 6、21、22 以及无穷多个其他阶数值。"

"了不起。"

"但是还有 10、12、15、18、20 等阶数没有解决。例如,当阶数为 10 时,我们有 111 个点,可以分为每条线 11 个点。"

"这真是太巧了!我的叔叔乔治欧想要测试 111 个葡萄品种,而他的地块每块可以容纳 11 种!我的叔叔非常有钱,他有很多大葡萄园。也许你……"

"等等!别着急,维托里奥!很抱歉告诉你,你叔叔遇到的才是大麻烦。"

"你是指?"

"不存在阶数为 10 的射影平面。"

"谁说的?"

"蒙特利尔康考迪亚大学的 4 位数学家——兰姆(Clement Lam)、蒂尔(Larry Thiel)、斯维尔奇(Stanley Swiercz)和麦凯(John MacKay)。他们使用了一台超级计算机来完成这项工作,这足足花了他们 9 年的时间。他们说这个证明的计算难度大约是证明四色定理的 100 倍!也许你听说过这个四色定理,它是由阿佩尔(Kenneth Appel)和哈肯(Wolfgang Haken)用计算机证明的,大意是说:只需要用 4 种颜色,就可以给任何地图上色,并且确保相邻区域的颜色不同。证明四色定理耗费了计算机 1000 小时,所以兰姆-蒂尔-斯维尔奇-麦凯的证明需要在同一台机器上花费 10 万小时!当然,他们使用了一台更快的机器……"

"这些人,他们最好小心点。乔治欧叔叔会生气的。"

"对不起,但事情就是这样。阶数为 12 的情况仍悬而未决,顺便说一句,如果以同样的方式进行计算机破解,将需要一万亿倍的时间。"

"乔治欧叔叔会非常生气!"维托里奥坚持道,"阿尔贝托,他有一个射影平面;而我,维托里奥,也有一个射影平面;但是我非常富有的叔叔乔治欧,他却没有一个……"

"别再提你那个富有的叔叔乔治欧了!"我大声喊道。

"我不认为你希望他听到你这样说。"维托里奥摇着头轻声说道。

"为什么不呢?"

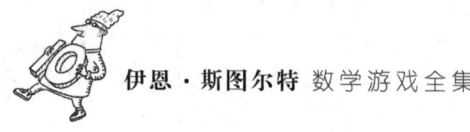

"乔治欧叔叔,他有——我们可以说——一些关系,有影响力的关系。"

"我可不怕什么当官的!"

"不是当官的,"维托里奥说,"不太……正式的。你知道,乔治欧叔叔住在巴勒莫。"

我恍然大悟。不,我当然不想冒犯数学黑手党。

答 案

基于 5×5 网格的 5 阶射影平面如图 8.7 所示。

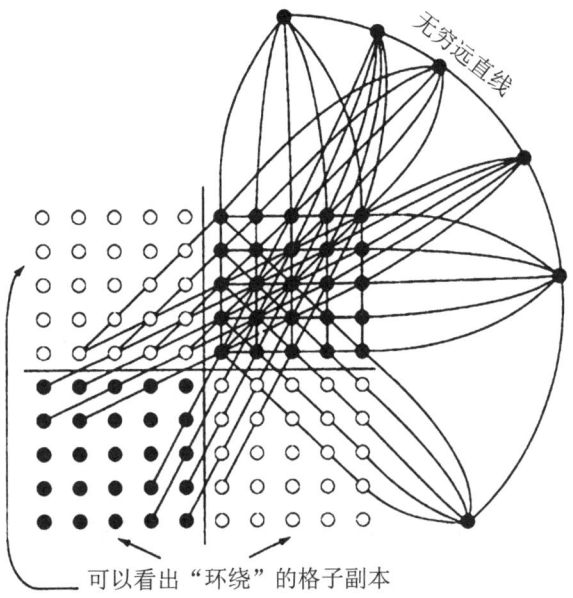

图 8.7
通过 5×5 的网格形成的射影平面(可以用其他看似不同的方式绘制:只有给定直线上的点集有意义,而不是连接它们的曲线的形状)

进阶读物

第 1 章

Ball, W. W. Rouse. *Mathematical Recreations and Essays.* London: Macmillan, 1959.

Chan Hat-Tung. A statistical analysis of the towers of Hanoi problem. *International Journal of Computer Mathematics* 28 (1989): 57—65.

Graham, Ronald L.; Donald E. Knuth; and Oren Patashnik. *Concrete Mathematics.* Reading, Mass: Addison-Wesley, 1989.

Hinz, Andreas M. The tower of Hanoi. *L'Enseignement Mathématique* 35 (1989): 289—321.

———. Shortest path between regular states of the tower of Hanoi. *Information Science Abstracts.* Forthcoming.

———. The average distance on the Sierpinski gasket. *Probability Theory and Related Fields.* Forthcoming.

Kasner, Edward, and James R. Newman. *Mathematics and the Imagination.* London: Bell, 1961.

O'Beirne, T. H. *Puzzles and Paradoxes.* Oxford: Oxford University

Press, 1965.

Ozanam, A. F. *Récréations Mathématiques et Physiques*. Paris, 1694.

Rubik, Ernö; Tamás Varga; Gerszon Kéri; György Marx; and Tamás Verkedy. *Rubik's Cubic Compendium*. Oxford and New York: Oxford University Press, 1986.

Stewart, Ian. *Game, Set, and Math*. Oxford and Cambridge, Mass.: Basil Blackwell, 1989; Harmondsworth, England: Penguin Books, 1991.

———. Four encounters with Sierpiński's gasket. *The Mathematical Intelligencer*. Forthcoming.

第 2 章

Dahlke, Karl A. The Y-hexomino has order 92. *Journal of Combinatorial Theory* Series A 51 (1989): 125—126.

———. A heptomino of order 76. *Journal of Combinatorial Theory* Series A 51 (1989): 127—128.

Gardner, Martin. *Mathematical Magic Show*. New York: Alfred A. Knopf, 1977; Harmondsworth, England: Penguin Books, 1985.

Golomb, Solomon W. *Polyominoes*. New York: Scribner, 1965.

———. Tiling with polyominoes. *Journal of Combinatorial Theory* 1 (1966): 280—296.

———. Polyominoes which tile rectangles. *Journal of Combinatorial Theory* Series A 51 (1989): 117—124.

Grünbaum, Branko, and G. C. Shephard. *Tilings and Patterns*. New York: W. H. Freeman, 1987.

Klarner, David A. Packing a rectangle with congruent n-ominoes. *Journal of Combinatorial Theory* 7 (1969): 107—115.

Stewart, Ian, and Albert Wormstein. Polyominoes of order 3 do not exist. *Journal of Combinatorial Theory* Series A. Forthcoming.

Wells, David. *The Penguin Dictionary of Curious and Interesting Numbers*. Harmondsworth, England: Penguin Books, 1986; New York: Viking Penguin, 1986.

第 3 章

Arnold, V. I. *Catastrophe Theory*, 2d ed. New York: Springer-Verlag, 1986.

Darwin, Charles. *The Origin of Species*. New York: Viking Penguin, 1982; Harmondsworth, England: Penguin Books, 1985.

Dawkins, Richard. *The Selfish Gene*, 2d ed. New York: Oxford University Press, 1990.

―――. *The Blind Watchmaker*. Harlow, England: Longman, 1986; New York: W. W. Norton, 1987.

Dodson, M. M. Quantum evolution and the fold catastrophe. *Evolutionary Theory* 1 (1975): 107—118.

Gould, Stephen Jay. *Ontogeny and Phylogeny*. Cambridge: Harvard

University Press, 1977.

———. *Wonderful Life: The Burgess Shales and the Nature of History*. New York: W. W. Norton, 1989; London: Hutchinson, 1990.

Maynard-Smith, John. *Evolution and the Theory of Games*. Cambridge and New York: Cambridge University Press, 1982.

Stewart, Ian. *Oh! Catastrophe*. Paris: Belin, 1982.

———. *The Problem of Mathematics*. Oxford and New York: Oxford University Press, 1987.

Zeeman, E. C. Decision making and evolution. In *Theory and Explanation in Archaeology*, ed. C. Renfrew, M. J. Rowlands, and B. A. Seagraves-Whallon. New York: Academic Press, 1982.

第 4 章

Dodgson, C. L. (Lewis Carroll). *Symbolic Logic*. London: Macmillan, 1896.

Clarence, Irving Lewis, and Cooper Harold Langford. History of symbolic logic. *The World of Mathematics*, ed. James R. Newman, vol. 3. New York: Simon and Schuster, 1956.

Stewart, Ian, and David Tall. *The Foundations of Mathematics*. Oxford and New York: Oxford University Press, 1988.

Venn, John. On the diagrammatic and mechanical representation of propositions and reasonings. *Philosophical Magazine* (5th series) 10

(1880): 1—18.

———. *Symbolic Logic*. London: Macmillan: 1881.

第 5 章

Coxeter, H. S. M. *Introduction to Geometry*. New York: John Wiley & Sons, 1969.

Pick, G. Geometrisches zur Zahlenlehre. *Zeitschrift der Vereines "Lotos."* Prague, 1899.

Reeve, J. E. On the volume of lattice polyhedra. *Proceedings of the London Mathematical Society* (3d series) 7 (1957):378—395.

Steinhaus, H. *Mathematical Snapshots*. Oxford and New York: Oxford University Press, 1950.

第 6 章

Harary, F. *Graph Theory*. Reading, Mass.: Addison-Wesley, 1969.

Read, Ronald. The graph theorists who count—and what they count. *The Mathematical Gardner*, ed. David A. Klarner. Boston: Prindle, Weber and Schmidt, 1981.

Tutte, W. T. *Graph Theory*. Reading, Mass.: Addison-Wesley, 1984.

Wilson, Robin J. *Introduction to Graph Theory*. Harlow, England: Longman, 1985; New York: John Wiley & Sons, 1985.

第 7 章

Ball, W. W. Rouse. *Mathematical Recreations and Essays*. London: Macmillan, 1959.

Dudeney, H. E. *Amusements in Mathematics*. New York: Dover, 1958.

Gardner, Martin. *Mathematical Magic Show*. New York: Alfred A. Knopf, 1977; *Harmondsworth*, England: Penguin Books, 1985.

Kraitchik, Maurice. *Mathematical Recreations*. London: Allen and Unwin, 1960.

第 8 章

Batten, Lynn Margaret. *Combinatorics of Finite Geometries*. Cambridge and New York: Cambridge University Press, 1986.

Bruck, R. H, and H. J. Ryser. The nonexistence of certain finite projective planes. *Canadian Journal of Mathematics* 1 (1949): 88—93.

Cipra, Barry. Computer search solves an old math problem. *Science* 242 (16 December 1988): 1507—1508.

Marshall, Hall, Jr. *Combinatorial Theory*, 2d ed. New York: John Wiley & Sons, 1986.

Another fine math you've got me into
By
Ian Stewart
Copyright ©1992 by Ian Stewart
This edition arranged with The Curious Minds Agency
GmbH and Louisa Pritchard Associates
through BIG APPLE AGENCY, LABUAN, MALAYSIA.
Simplified Chinese edition Copyright © 2025 by
Shanghai Scientific & Technological Education Publishing House Co., Ltd.
ALL RIGHTS RESERVED
上海科技教育出版社业经 Big Apple Agency 协助
取得本书中文简体字版版权